谋事先谋人

精于谋者精于道

疏于谋者疏于成

长辰子◎编著

中国商业出版社

图书在版编目（CIP）数据

谋事先谋人 / 长辰子编著．—北京：中国商业出版社，2005.9（2021.5 重印）

ISBN 978-7-5044-5454-6

Ⅰ．谋… Ⅱ．长… Ⅲ．个人－修养－通俗读物
Ⅳ．B825-49

中国版本图书馆 CIP 数据核字（2005）第 114196 号

责任编辑：龚凯进

中国商业出版社出版发行

010-63180647 www.c-cbook.com

（100053 北京广安门内报国寺 1 号）

新华书店经销

三河市宏顺兴印刷有限公司印刷

*

680 毫米 ×940 毫米 16 开 16 印张 140 千字

2005 年 11 月第 1 版 2021 年 5 月第 3 次印刷

定价：39.80 元

* * * *

（如有印装质量问题可更换）

前　言

人人须谋事，事事须谋人。任何事情都是人为和人谋的结果。所以，琢磨事必先琢磨人，谋划事必先谋划人，人为事之本，事为人之谋，要想做成某件事，促成某件事，首先要把有权决断于此事的关键人物抓住，与其拉定关系，套近乎，打通关节，这样，所谋之事方可迎刃而解。

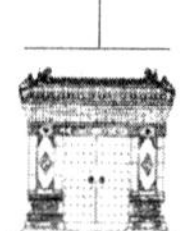

享有美名者，让人钦慕；拥有财富者，让人艳羡；择得嘉业者，让人眼热；身居高位者，让人仰目；真挚的友谊使人感动，甜美的爱情令人渴望。是的，有哪一个在红尘里奔走、在生活里打拼的人，能够对此无动于衷呢？

无论是以风雅自居，还是以世俗自况，我们都不能画地为牢，远离尘嚣。但不管是名、利，还是职、位，亦或是情、爱，都并非是一想就能到手的东西。比方说，有的人每遇一事都善于巧妙策划，精心运筹，其结果自然是水到渠成，妙想天成；而有的人则是雨大方寻伞，天寒才纺棉，其结果肯定是手忙脚乱。二者之间的差距岂止是不可同日而语，简直是判若天壤。

何以有如此巨大的反差呢？归其要者，无外乎各人所用心思和智慧不同耳。而所谓用心思和智慧，大而言之，也即古人常说的“设计用谋”。正所谓人生处处有谋略：精于谋者精于道，疏于谋者疏于成；大谋者大成，小谋者小成，不谋者不成。

从表面上看，凡有所谋都不过是谋事，而从着手处看，凡有所谋往往都是谋人。因为，正是某个或某些人决定着我们所谋的事能否顺利达成。这就是“谋事先谋人”的立意和主旨之所在。

当然，要谋人就要研究人、琢磨人、揣摩人，不仅要知晓人性的普遍特点，而且要熟悉所谋之人的特殊心态，然后才能对症下药，见机行事。该方时则方，该圆时则圆。有时要动之以情，有时要晓之以理，有时又要情理交融。其目的无非都是为了兑现我们的初衷，实现我们的设想，从而让我们的人生风调雨顺，鲜花着锦。

有些时候，我们可以有本事不用；有些时候，我们没本事就要吃亏。而且，谁又敢说自己已经心如枯井，不起波澜呢？谁又能说自己的智慧足以游刃有余地应对人生万端呢？更何况生活犹如万花筒般变化多端，将许多人拨弄得六神无主，头晕目眩，不具备一些谋人的高超本领，又怎么能成就事业呢？

因为，没有人心甘情愿做生活的弱者和命运的奴隶，谁不想端直臂肘、竖起拳头——做人生的强者呢？

谋事先谋人，事事有成。

作　者

2018 年 10 月于北京

目录

第一篇 谋利先谋人

人人皆趋利而动。利乃生活之源，利乃养命之本。不管是多么尊贵之士，也不管是多么卑微之人，都无一不为利而活，无一不为自己的利益而用心谋划和苦心经营。而谋利必先谋人，因为世间一切利益都是由人支配的、由人主宰的。你所期待和追逐的利益能否向你平衡或向你倾斜，不在于利益本身，而在于支配利益的人。所以，要想搞定利益，必先搞定人，要想摆平利益关系，必先摆平人际关系，只有这样，才能达到上下活络、左右逢源的谋利之境。

第二篇　谋职先谋人

现代社会中，绝大多数人都要靠职业谋生。所以，职业已成为我们生活的重要组成部分。能否拥有一个好职业几乎关系到一个人一生的顺逆成败，而职业的选择在很多时候并不是由自己说了算的，一方面是你能干什么，另一方面是让你干什么，前者是你个人的才干问题，

后者是职场中的规则和权力问题。而职场中的用人规则和用人权力是由某个人或某些人掌控和决定的，你要想谋得某一职业，必先谋得与这一职业相关人员的支持、欣赏和垂爱。这便是“谋职先谋人”所要揭示的要义所在。

第三篇　谋位先谋人

任何组织都是一个状如金字塔型的层级结构。职位越高，拥权越重。“人往高处走，水往低处流”，按照彼得原理的说法，一个人在职场上总是力图爬到他力所不逮的位置上。但向上爬必须有人给竖梯子扶持才行，即

所谓“朝中有人好做官”。但通常情况下，绝大多数人却都自感“朝中无人”似的，其实呢，“朝中人”也是人谋和人为的结果。俗话说“谋事在人”“事在人为”，只要你“为”到了“谋”到了，你便会从“朝中无人”转而变为“朝中有人”了！“朝中人”也是人，也有七情六欲，共食人间烟火，只要我们在才德方面修炼到家了，我们就有资格去高攀这些人，结识这些人，让他们成为我们前进的助力，成为我们步步高升的阶梯。

第四篇　谋名先谋人

名，指的是名誉、名声、名分、名义、名气、名望。孔子曾说：“名不正则言不顺，言不顺则事不成。”可见，名对一个人或一个组织成就事业该是何等重要。名有时可以是身份和地位的象征，有时也可以是人格和才艺的象征。而“名副其实”则是这种象征的最佳境界。但名既然是个宝贝东西，就绝不是靠撞大运撞上的，而是苦心经营和谋划的结果。当然，我们提倡谋名要谋实名，而不要谋虚名，所谓“盛名之下，其实难负”说的就是“有名无实”之士，所以，欲谋其名者当先谋其功，有其功者方可有其名，所谓“功成名就”说的就是这个道理。

第五篇 谋情先谋人

人是感情动物。别人对你感情好坏，常常潜移默化地影响着你生活的顺逆兴衰和人生的沉浮荣辱。所以，世间每个人无不在意别人对自己的感情，包括友情、爱情、亲情，以及职场中的同事情、领导情、下属情，等等。这些情的好坏意味着帮助与冷漠、支持与拆台、呵护与打击、提携与践踏……人在社会上要谋生存谋发展，当然希望得到前者。而要获得这些友善的感情就绝不能我行我素地蛮干，而要用心去维护，用智去赢取。情是自己和别人共同放飞的风筝，一条线在自己手里，另一条线则在别人手里牵着，所以，要想让风筝飞起来并且飞得好，就必须谋得别人的积极配合，这就是“谋情先谋人”的精义所在。

谋利先谋人

人人皆趋利而动。利乃生活之源，利乃养命之本。不管是多么尊贵之士，也不管是多么卑微之人，都无一不为利而活，无一不为自己的利益而用心谋划和苦心经营。而谋利必先谋人，因为世间一切利益都是由人支配的、由人主宰的。你所期待和追逐的利益能否向你平衡或向你倾斜，不在于利益本身，而在于支配利益的人。所以，要想搞定利益，必先搞定人，要想摆平利益关系，必先摆平人际关系，只有这样，才能达到上下活络、左右逢源的谋利之境。

要有“关系”意识

我们在阅读成功人士的传记时，就会发现这些成功者的后面大都有深厚的社会背景。查一查这些在官场、职场或商场的名人家谱，差不多都可以看到周围雄厚的人际资本。

社会是由各种关系的人错综而成的群体。在社会中办各种事情几乎都离不开关系，商业活动更是如此，许多生意的成交都是通过关系达成的。可以说，人际关系和信息关系就是赚钱谋利的可靠保障。

印度尼西亚华人首富林绍良，就是一位熟谙用关系做生意的人。

林绍良早年在印度尼西亚做生意时，资金很少，生意规模不大。20 世纪 40 年代，印度尼西亚独立战争期间，林绍良结识了时任印度尼西亚军队师长的苏哈托，并成为朋友。通过苏哈托的关系，林绍良承接了为印度尼西亚军队采购军火、药材等物资的生意，从此生意越做越大，并获得印度尼西亚共和国的赞誉。

1966 年，随着苏哈托的上台，林绍良很自然地凭借这种旧谊，得到了政府对自己的大力支持。当林绍

良成立波戈沙里有限公司时，公司的创业资本仅有1亿盾，而印度尼西亚国家银行却给了他28亿盾的贷款。苏哈托总统还亲自主持了这家公司的第一座面粉加工厂的落成典礼。

林绍良就这样凭借着同印度尼西亚政府，直至最高当权者的良好的私人关系，为自己的发展创造了条件。

林绍良因受到印度尼西亚政府如此优待，更感到有义务为印度尼西亚的经济振兴出力。

印度尼西亚是个条件优越的农业国，但由于长期受殖民主义政策的压榨，粮食不能自给，每年要拿出大量外汇进口粮食，成为国家经济的一大负担。1969年，林绍良向政府建议，在国内自行加工面粉。政府采纳了他的建议，并把全国2/3的面粉生产专营交给林绍良。经过几十年的努力，林绍良实现了国内面粉自给的目标，为印度尼西亚政府节约了一大笔外汇，他自己也获得了丰厚的利润。

就这样，林绍良生意越做越大，直至成为印度尼西亚经济中举足轻重的人物。

我们在阅读成功人士的传记时，就会发现这些成功者的后面大都有深厚的社会背景。查一查这些在官场、职场或商场的名人家谱，差不多都可以看到周围雄厚的人际资本。由此可见，社会关系对于一个人事业的成功有多么重要。那么，怎样才能建立起自己的

社会关系呢？实际上，有许多的人际关系就在我们身边，只是有许多人不知道去利用罢了。

法国有一本名叫《小政治家必备》的书。书中教导那些有心在仕途上有所作为的人，必须起码搜集20个将来最有可能做总理的人的资料，并把它背得烂熟。然后有规律地按时去拜访这些人，和他们保持较好的关系。这样，当这些人中的任何一个人当上总理，自然就容易记起你，大有可能请你担任一个部长的职位。

这种手法看起来不太高明，但是非常合乎现实。一本政治家的回忆录提到：一个被委任组阁的人受命伊始，心情很是焦虑，因为一个政府的内阁起码有七八名阁员（部长级），如何去物色这么多的人来配合自己？这的确是一件难事，因为被选的人除了有适当的才能、经验之外，最要紧的一点，就是“和自己有些交情”。

可见，关系和交情实在是太重要了，如果还没有引起我们的高度重视，将来就一定会受其掣肘。

多栽大树好乘凉

谋取多方面利益，需要错综的人际关系。织造好这些关系网，就会要风得风，要雨得雨。

有道是：背靠大树好乘凉。而对于商界中人来说，找棵大树就可以摘到金果，多栽大树当然就更容易获得大利。

对于商人而言，胡雪岩生活的时代是特殊的。胡雪岩时代的特殊，就特殊在旧制受到冲击，洋人叩打大门，社会将要发生变乱。

胡雪岩时代的旧制，十分影响商人的发展。因为在封建社会中，商人在社会中处于最末流，士农工商的次序十分明显，这种体制与商人的活动相矛盾，官吏对商人的危害十分大，一个极小的守门吏都可以以其职务特权影响一个小商贩的生意。较大的官吏情况更严重，他可以以各种貌似合理的理由强行征税，或者宣布该交易为不合法。

中国封建官僚制度发育周期甚长，内部形成了一整套完备的升迁制度与传统习惯。尤其是在不成文的

习惯部分，依附大官僚而使自己升迁顺利，已经是一件世人非常熟悉的事情。所谓“官官相护”，或者所谓“朝中有人好做官”，就是讲的这一习惯。胡雪岩长期做跑街，与一帮挖空心思捐班升官的人打交道，逐渐熟悉了这一套习惯。他很明白，有一个坚强的后盾，意味着有更多的机会和更少的风险。

正是长期与这些人打交道，胡雪岩逐渐变得为人圆通，交际广泛。当他遇到王有龄时，听说他是捐班候补盐使，便感觉到机会来了。他利用收款的机会，为王有龄筹措了五百两银子，资助他进京拜官。

王有龄因为胡雪岩这一帮助，得了机会补了实缺。知恩报恩，胡雪岩得以借机有了自己的钱庄。因为有了王有龄这个升得高、升得快的后台，胡雪岩发现自己面前突然展开了一个新世界。粮食的购办与转运、地方团练经费与军人费用、地方厘捐、丝业，各个方面的钱都往胡雪岩所办的钱庄流了进来。

胡雪岩有了这一经验，回头反思，便很快明白了自己的事业要想大发展的因应之道：寻找官场的保护。

寻找保护的办法很多，最有效的办法是继续帮助有希望、有前途的人，帮助这些人得到朝廷赏识，巩固其官位。有了这些人的稳固，自己的商业势力的扩张也就有增无减了。

另有一个因胡雪岩帮助而升迁的何桂清，在苏浙期间，为朝廷出力甚勤，所以在这一带的影响日盛。

因此，胡雪岩的点子也有了市场，他的商业也有了依托。胡雪岩在经营中逐渐冲破了先前几种钱庄的经营观念，开始在以官府为后盾的前提下向外扩张，这一扩张预示着胡雪岩在商业上必将称霸东南半壁江山。此时的胡雪岩，因为尝到了在官僚阶层中扩充势力的甜头，再也不会回到旧有的经营观念中去了。

左宗棠在位之时，胡雪岩为他筹粮，筹饷，购置枪支弹药，购买西式大炮，购运机器，兴办船务，筹借洋款。这些事耗去了他大部分精力，但是胡雪岩乐此不疲。第一是因为这些事本身就是商事，可以从中赢利；第二是因为左宗棠必须拥有这些东西，才能安心打仗，兴办洋务，成就功名大业。左宗棠是个英才人物，其事业日隆，声名日响，他在朝廷中的地位日益巩固，胡雪岩就愈加踏实。他原来之所以仰赖官府，就是为了减少风险，增加安全。现在有了左宗棠这样一个大员做后盾，有了朝廷赏戴的红顶、赏穿的黄褂，天下人莫不视胡雪岩为天下一等一的商人，莫不视胡雪岩的阜康招牌为一等一的金字招牌。胡雪岩也敢放心地一次吸存上百万的巨款，也可以非常硬气地与洋人抗衡。任何一个以本业为主，不能上传下达的商人都不敢像他那么做。只有一个胡雪岩，把握住了这个时期的特点，而且做到了。

除了结交王有龄、左宗棠，胡雪岩还通过钱庄业务与京中大官奕䜣、文煜等人接上了关系。当然，多

一个朋友多一条路，对于官阶和名气小的胥吏僚属辈以及士大夫文人，胡雪岩也积极拉拢，李慈铭《越缦堂日记》说他，“时出微利以饵杭士大夫。杭士大夫尊之如父，有翰林而称门生者”。

胡雪岩借与官场要人的关系，做起生意来如鱼得水，日进斗金，富甲一方。而他背后的强大官场力量，才是财富的真正来源。胡雪岩明智的选择，验证了过去中国商人做生意不能没有靠山的道理，从而一生都在致力于经营靠山，踩着官场仕绅的阶梯，一步步登上了财富的顶峰。当然，我们所说的靠山并不一定专指官场，各行各业，三教九流都应该有我们要寻的靠山。

得人心者得财源

人心是一笔无形资产，是一笔不可忽视的巨大财富。对于企业、商家而言，赢得人心才是事业健康、持续发展的关键。

从福特公司出来后，艾科卡在1980年执掌了行将倒闭的美国第三大汽车制造商——克莱斯勒汽车公司的帅印。他以其推动企业前进的高明手段、独特的沟通公关技巧、过人的勇气和不变的决心，缔造了美国企业史上一个最大的奇迹。

首先，他四处奔走于所有对公司有影响力的公众团体，交流沟通，说服他们相信公司一定可以克服财务危机。他反复强调自己公司的存在与发展对于美国的深远意义，以及保住员工饭碗与维护安定的重要性。这样，他取得了国会的同情、信任与支持——1.5亿美元的贷款。银行纷纷伸出援手，为公司解决了头等大事。

接着他与员工广泛谈话，交流沟通，鼓动员工齐心协力打赢这场硬仗，让大家对公司重建信心。他还向员工与工会保证，公司有能力、有潜力克服危机，

造出美国市场的风云车种，但必须先暂时牺牲部分薪资和若干福利以节省开销、积累资金，他甚至率先把自己的年薪缩减为 1 美元，直到公司赢利为止。这样，员工与管理层完全抱成了一团。

他还亲自为新车型做广告：身兼发言人及啦啦队长，为公司造声势——结果是，公司在短短几年时间走出低谷，一跃成为美国企业界的楷模，艾科卡也成了美国企业界的领袖人物。

这场战斗的胜利主要取决于艾科卡超强的交流与沟通能力，有效的谈话技巧——他具有说服力，打动了人心，获得信任。无论是面对面的谈话、讲演、广告、还是在他的书中，他都以直接坦率而又热忱的态度与公众沟通，使投资人（政府和银行）以及员工从资金上、情感上给予他支持，给予他信任与首肯，从而使他说服所有的员工、国会议员、银行家、顾客、经销商等相信公司的美好远景，最终实现了他拯救公司的目标。艾科卡在他的第一本书中写道：

一个人要使人工作充满干劲，要让别人信任你、支持你，唯一的办法就是——好好与其他人沟通。这种相互合作的参与式的管理，必须建立在老板与员工之间双向的沟通之上。

“人心是财富的另一端”，这句话说得非常有道理，它表明经营人心就是经营财富。

清代乾隆年间，南昌城有一点心店店主李沙庚，

以货真价实赢得生意兴隆。但其赚钱后便掺杂使假，对顾客也失去热情，生意日渐衰落。有一天，书画名家郑板桥来店进餐，李沙庚惊喜万分，恭请题写店名。郑板桥便赠送“李沙庚点心店”六字，墨宝苍劲有力，引来众人观看，但还是无人进餐。原来是“心”字中少写了“一点”。李沙庚请求补写“一点”，而郑板桥却平心静气地说：“没有错啊，你以前顾客满门，是因为‘心’中有了这‘一点’；而今生意冷淡，正是因为‘心’中少了‘一点’。”李沙庚顿有感悟，才知经营人心的重要。从此以后，痛改前非，又一次赢得了人心，使自己的店起死回生。

人心是一笔无形资产，是一笔不可忽视的巨大财富，对于企业、商家而言，赢得人心才是事业健康、持续发展的关键。无论是海尔公司的“真诚到永远”，还是 TCL 公司的“为员工创造机会，为顾客创造价值”，以及长虹公司“以产业报国，民族昌盛为己任”，从这些企业主旨上都可以看出企业老板对人心向背的重视程度。从这个意义上讲，经营人心就是经营财富。

给别人想要的东西

要确实知道别人需要的东西，从而更多地提供人性化的关怀，进而为自己的事业提供发展动力。

如果你是一个企业的老板，那么，激励员工的关键是：给他们想要的东西。而员工想要的是什么呢？鲁特格斯大学曾做过一项研究：请员工将有关工作的十个因素，依重要顺序排列出来。另有一群经理人亦接受同样的调查，列出他们认为员工会重视的十项因素的顺序。

经理人列出来的前三大因素是：加薪、升迁、工作保障。

而员工列出的前三大因素则是：尊重、个人成长及表达意见的自由。依序下来的是对个人的体贴、对工作绩效的欣赏与肯定、确实告知公司的政策或决策。

事实上，经理人和员工的看法都没错。假使员工的收入无法养家糊口，那么他们的第一个选择可能就是与金钱有关的答案。马斯洛告诉我们：所有的人，即使不必为钱工作者，一生都在寻寻觅觅，满足 5 种

不同需要：

生理的需要。食物、睡眠及遮风挡雨的地方，是基本的需要。

安全的需要。银行存款、保险及工作的保障，都是安全的生存需要。

归属的需要。人都想要归属于某个团体，并被其接受。家庭是我们最初接触的团体，工作伙伴又形成另一个团体。那些对工作场合的社交活动不以为然的经理人要注意：你是在剥夺员工的基本需要，同时也失去你自己取得良好资源的机会。

受人尊重的需要。每个人都希望别人感激他们的付出。如果没有，他们会兴致低落，无精打采，最后掉头就走。

个人实现的需要。人要实现自身价值，以展示自己在社会和生活中的有用性。如果不能满足此种需要，这个人便要陷入焦虑苦恼、困惑不安的情绪之中。

员工低层次的需要一旦获得满足（生存和安全），他们会开始寻求其他的满足（例如：归属感、受人尊重及个人实现）。不过，员工在不同时期会有不同的需求，也可能在同一个时间内有多种的需要。例如：面临裁员威胁的员工，其求生存的需要可能就比较重要，同时他们也希望能保住工作的尊严，继续受人尊重。

但是，大部分员工面对的并不是裁员的威胁，员

工面对的最大问题是他们的老板，员工和老板双方的看法经常互相冲突。老板注重的是生产力和利润，员工则需要老板多关注他们的需要。由此，会快速改变成一种“员工对抗老板”的态度，而原本努力工作的员工，则因参与此种对抗，而被贴上“难缠员工”的标签。

有几个方法可以让部属的需求获得充分满足，同时又能激励他们提高生产力与效率：

告知。让部属了解工作计划的全貌及看到他们自己努力的成果。员工越了解公司目标，对公司的向心力越高，也会更愿意充实自己，以配合公司的发展需要。

部属非常希望你和他们所服务的公司都是开放的、诚实的，能不断提供他们与工作有关的公司重大信息。若未充分告知，员工会对公司没有归属感，能混就混，不然就老是想换个新的工作环境。如果能获得充分告知，员工不必浪费时间、精力去打听小道消息，也能专心投入工作。

授权。分派工作时，也要授予权力，否则就不算授权。所以，要帮被授权者清除障碍。方法之一是让所有的相关人士知道被授权者的权责；另一种做法则是，一旦授权之后，就不再干涉。

员工总是会抱怨说，老板只有在员工出错的时候，才会注意到他们的存在。身为经理人的你，最好尽量

给予部属正面的回馈，就是公开赞美你的员工，至于批评应私下再提出。

不要打断部属的话，不要急于下结论，不要随便决断，除非对方要求，否则不要随便提供建议。就算部属真的来找你商量，你的职责应该是协助部属发掘他的问题。所以，你只要提供信息、情绪上的支持，并避免说出类似像“你一向都做得不错，不要搞砸了”之类的话。

奖励。认可部属的努力和成就，不但可以提高生产力和士气，同时也可有效地建立其信心，提高忠诚度，并激励员工接受更大的挑战。

奖励，尤其是金钱上的奖励，如果使接受者觉得你是在应付他，或借此交换原本他该得的，例如升迁，便会出现相反效果。

要让部属觉得你是真正肯定他们的努力与成就，平日就要真诚关心他们：记得他们的名字，知道他们配偶和孩子的名字并不时问候他们，亲笔写感谢卡给他们，感谢他们工作绩效良好或写贺卡恭喜他们升迁、结婚、小孩毕业等。偶尔给部属意外的惊喜：一张卡片、一束花、一顿午餐、赠送表演或音乐会的入场券或半天休假等。

总之，要给别人真正需要的东西，以更多地体现人性化的关怀，从而为自己的事业提供发展动力。

先让别人不失败

你帮助了别人，别人也会帮助你；你要想成功，就先让别人不失败。

人人都想成功，但不能为了成功而不择手段；人人都想发达，但往往帮助别人发达了，自己才能发达。你帮助了别人，别人也会帮助你。吃亏一事，可能得益十事；吃亏一时，可能受益一生。

1960年，劳埃德在英国的泰晤士河边开了一家咖啡馆。很快这家咖啡馆就成了船老板、商人、船员等聚会的地方，很多信息都在这里交流，这里成了一个信息通道。

英国之所以成为世界强国，海运事业的高度发达起到了重大的作用。酒店、咖啡店等地方成了这些闯荡大海的人的必到之地。他们在这里畅谈海外的奇闻轶事，回首航海中的风雨历程。这里有喜怒哀乐，有悲欢离合。高兴的人庆贺自己一帆风顺，满载而归；悲伤的人哀叹自己海上遇险，血本无归。

一天，咖啡馆老板劳埃德听到一个海员在喝咖啡的时候说，有一个伦巴第人在搞海运保险。这随随便便的一句话，在劳埃德的心中却掀起了波澜。

他想：我何不利用现成的条件，与这些老顾客们联手搞一搞海运保险呢？他把计划告诉别人，很多人都说，这是很危险的，大海无情，海浪是很容易把一条大船掀翻的，你赔得起吗？这就等于拿着英镑往大海里扔！

他感到有些犹豫，又不断地咨询那些从事海上贸易的老板，老板们对此很感兴趣。接着很多船长、船员、货主、商贩等纷纷表示，如果哪个人愿意来搞海运保险，他们都参加。这些人观点明确，在有了保障的前提下，谁都想碰碰运气，即使失败了也不会血本无归。

有了这些人的支持，劳埃德终于下了决心。保险业开始的时候是不需要很多资金的，只要物色好办事人员，就可以开张了。不久，一家“劳埃德保险公司”就在泰晤士河畔成立了。

很显然，他的保险公司生意一下子就火起来了，昔日一个小小咖啡店的老板，摇身一变，成了保险业的领袖人物。劳埃德保险公司的发展是很迅速的，他除了海运保险，还发展了大到火箭发送、人造地球卫星、受到战火威胁的超级油轮，小到电影明星的漂亮脸蛋、脱衣舞女的秀腿等业务。真是无所不保，无奇不有。

劳埃德成了英国人引以自豪的世界上最大的保险

业巨头!

劳埃德的做法不难理解，就是保证让别人不失败，然后靠别人获取自己的成功。

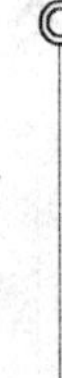

主动为对方着想

“以自我为中心”虽然看是一种不甚正确的心态，实际上，却是我们处世中的一条准则。

人生在世，谁都希望别人看重自己，这也是人性中根深蒂固的心理特点之一。充分利用这一心理特点，就会化险为夷，化敌为友，从而赢得意想不到的收效。

美国钢铁大王安德鲁·卡内基年幼时，父母从英国来到美国定居，由于家境贫寒，没有读书学习的机会，13 岁就当学徒工了。

卡内基 10 岁时，无意中得到一只母兔子。不久，母兔子生下一窝小兔。由于家境贫寒，卡内基买不起饲料喂养这窝小兔子。于是，他想了一个办法：请邻居小朋友来参观他的兔子，小朋友们一下子喜欢上了这些可爱的小东西。于是，卡内基宣布，只要他们肯拿饲料来喂养小兔子，他将用小朋友的名字为这些小兔子命名。小朋友出于对小动物的喜爱，都愿意提供饲料，使这窝兔子成长得很好。这件事给了卡内基一个有益的启示：人们对自己的名字非常在意。

卡内基长大成人后，通过自身努力，由小职员干起，步步发展，成为一家钢铁公司的老板，顺利进入钢铁工业大门。有一次，他为了竞标太平洋铁路公司的卧车合约，与竞争对手布尔门铁路公司铆上了劲。双方为了夺标，不断削价硬拼，已到了无利可图的地步。

安德鲁·卡内基像

有一天，卡内基到太平洋铁路公司商谈投标的事，在纽约一家旅馆门口遇上布尔门先生。“仇人”相见，按一般情况，应该“分外眼红”，但卡内基却主动上前向布尔门打招呼，并说：“我们两家公司这样做，不是在互挖墙脚吗?”

接着，卡内基向布尔门说，恶性竞争对谁都没好处，并提出彼此尽释前嫌，携手合作的建议。布尔门见卡内基一番诚意，觉得有道理，但他却不同意与卡

内基合作。

卡内基反复询问布尔门不肯合作的原因，布尔门沉默了半天，说："如果我们合作的话，新公司的名称叫什么？"

卡内基一下明白了布尔门的意图。他想起自己少年时养兔子的事：谦让一点可以把一窝兔子养大。于是，卡内基果断地回答："当然用'布尔门卧车公司'啦！"卡内基的回答使布尔门有点不敢相信，卡内基又重复一遍，卡尔门才确信无疑。这样，两人很快就达成了合作协议，取得了太平洋铁路公司的卧车生意合约，布尔门和卡内基在这笔业务中，都大赚了一笔。

另有一次，卡内基在宾夕法尼亚州匹兹堡盖起一家钢铁厂，是专门生产铁轨的。当时，美国宾夕法尼亚铁路公司是铁轨的大买主，该公司的董事长名叫汤姆生。卡内基为了稳住这个大买主，采取同样的方法，把这家新盖的钢铁厂取名为"汤姆生钢铁厂"。果然，这位董事长非常高兴，卡内基也顺利地取得了保证他稳定、持续发展的大订单，他的事业从此壮大起来，并最终成为赫赫有名的"钢铁大王"。卡内基因为善于与人合作，所以取得成功。

展现足够的诚意

不论什么样性格脾气的人，只要对人表现出足够的诚意，别人自然会如人饮水，冷暖自知。

有的人性格直爽严厉，有的人性格委婉慈爱，但并不能说哪种性格好，哪种性格坏。只要秉持着足够的诚意对待下属，下属就不会不识好歹，虚与委蛇。

日本桑得利公司的董事长乌井信治郎，被他的部下称为“父亲”。这位“父亲”对下属员工的要求却十分严格，有时甚至到了令人难以容忍的地步。

乌井信治郎经常亲自到工厂巡视，一旦发现纸屑、灰尘等污物，便冷若冰霜，大声喝令清除干净；看见工作不力的员工，就毫不客气地责骂，令其无地自容。

部下都十分畏惧乌井，一看到他来巡视，就会发出“敌机来袭”的警告，提醒同仁小心戒备。

乌井对工作要求严格，但也以奖励而闻名。

有一次，总务股的办事人员，把一个不小心写错了价格和数量的商品邮寄出去，乌井知道后，马上命令另一位员工将它取回。

这位员工认为，如果不知道具体投在哪个信箱，根本不可能找到。乌井提醒道："他大概是投在附近的邮筒中，附近的邮件全部集中在船场邮局，你快去取回！"

经董事长提示，那位员工立刻前往船场邮局，不知费了多少唇舌，花了多少时间，总算把邮件取回，放在董事长面前。

乌井露出微笑安慰那个员工说："辛苦了！"接着拿出非常贵重的礼物奖赏他。

乌井经常像这样，一有机会就拿出贵重的物品奖赏员工，毫不吝啬。

公司赚钱时，乌井总是将功劳归于员工，并加发奖金给他们，奖金一多，常常会使员工傻眼："是不是发错了，怎么这么多呢？"

乌井发奖金的方式也很特别，他把员工一个个地叫到董事长办公室发奖金，而且常常在员工答礼后，就要退出去时，叫道："稍等一下，这是你母亲的礼物。"待员工要出去时，他又说："这是给你太太的礼物。"拿到这些礼物，员工心想应该没有了，正要退出办公室时，又听到董事长大喊："我忘了，还有一份给你小孩的礼物。"

像这样，员工当然会大受感动。

但令人感动的是乌井对部下那犹如慈父般的关怀。

例如，在商店开业后不久，乌井经常听到店员抱

怨："房间里有臭虫，害得我们睡不好！"一天晚上，在店员都睡着后，乌井悄悄拿着蜡烛到房间柱子的裂缝里以及柜子的空隙抓臭虫。店员听到声响，从睡梦中惊醒，看到正在认真抓臭虫的老板时，感动得都落泪了。

作田是桑得利公司的一名参谋，他进入公司后不久，父亲不幸去世。他不想让同事知道他家有丧事，以免麻烦人家。但在出殡当天，乌井信治郎率领桑得利的全体员工到殡仪馆帮忙，他还像死者的亲属一样，站在签到处对前来祭拜的人一一磕头答礼。

等到丧礼结束，作田要回家时，乌井信治郎说："没有车子，你和伯母如何回家？"说完，立刻跑去叫了一辆计程车，亲自送作田和他的母亲回家。

这样的举动，如果不是具有相当的诚意，是做不到的。而当时的作田只不过是一名新进员工，就能获得老板如此关照，也难怪作田从心底里感动。

后来，作田当上主管后，常对员工提起此事："从那时起，我就下定决心，为了老板，即使是牺牲性命也在所不惜。"

将欲取之，必先予之

要谋利，有时不妨来点大胆的奇思妙想，以求背水一战、绝处逢生的效果。

从别人身上获利，首先要让人家有利可图。即所谓的“将欲取之，必先予之”。有时不妨来点大胆的奇思妙想，以求背水一战、绝处逢生的效果。

岛村芳雄生于日本一个贫困的乡村，年轻时背井离乡到东京谋生，在一家材料店当店员，每月薪金只有1.8万日元（当时约合人民币180元），还要养活母亲和三个弟妹，因此时常囊空如洗。

下班后，岛村芳雄唯一的乐趣是在街上走走，欣赏有钱人漂亮的服装和其他值钱的东西，他只能享受这种不用花钱的乐趣。

岛村想自立门户创业，但资金问题一直困扰着他，最后他决心硬着头皮向银行贷款。但是，谁肯将钱贷给一个吃了上顿愁下顿的穷光蛋呢？岛村拜访了多家银行，得到的只是嘲笑和白眼，没有哪家银行愿意贷款给他。岛村毫不气馁，他选定一家银行作为目标，一次又一次地提出贷款申请，希望人家大发善心。

皇天不负苦心人。前后经过3个月，到了第69次时，对方终于被他那百折不挠的精神所感动，答应贷给他100万日元。当亲朋好友知道他获得银行贷款时，也纷纷帮忙，这样，岛村又借到了100万日元。于是他辞去店员的工作，成立丸芳商会，开始了贩卖绳索的业务。

为了打开市场，岛村想出了“先予后取”的方法。

首先，他前往麻产地冈山并找到麻绳厂商，以0.5日元的价钱大量买进45厘米长的麻绳，然后按原价卖给东京一带的纸袋工厂。这样做，不但无利，反而损失了若干运费和业务费。

亏本生意做了一年之后，“岛村的绳索确实便宜”的名声远近闻名，订货单从各地像雪片一样飞来。

于是，岛村按部就班地采取行动。他拿进货单据到订货客户处诉苦：“到现在为止，我是一分钱也没赚你们的。如果让我继续为你们这么服务的话，我便只有破产一条路可走了。”

客户对他的诚实做法深受感动，心甘情愿地把每条麻绳的订货价格提高为0.55日元。

然后，他又到冈山找麻绳厂商商量：“您卖给我一条绳索0.5日元，我是一直照原价卖给别人的，因此才得到现在这么多的订单，如果这种无利而赔本的生意继续做下去的话，我只有关门倒闭了。”

冈山的厂商一看他开给客户的收据存根，也都大吃一惊。这样甘愿不赚钱做生意的人，他们生平头一次遇见。于是不假思索，满口答应将单价降到每条0.45日元。

这样，一条绳索可赚0.10日元，按当时他每天的交货量1000万条计算，一天的利润就有100万日元，比他以前当店员时5年的薪金总和还要多。

创业两年后，岛村芳雄已名满天下，同时把丸芳商会改为公司组织，自任董事长。现在，他已是东京横山町有名的岛村大楼业主，并兼有岛村产业公司和丸芳物产公司，成为知名的大老板。

决不可鼠目寸光

中国人自古便有谋略意识，而谋略就来自于对人事的详实观察和缜密推测。鼠目寸光的人，永远不会计大谋、得大利。

第二次世界大战后不久，战胜国决定成立一个处理世界事务的联合国。可是联合国设在什么地方，一时间成了一个颇费周折的问题。按理说，联合国的地点应该设在一座繁华的城市。可是，在任何一座繁华的城市建立联合国的总部都必须有大量的土地来建造楼房，这批土地必须花费大量的资金。可是刚刚起步的联合国总部却无力支付这样一大笔巨款。

正当各国的首脑们商量去商量来的时候，美国的洛克菲勒家族知道了这个消息，立即出巨资 870 万美元在世界级的大城市纽约买下了一块土地，并且同时买下了这块土地周围的全部土地。在人们惊异的目光中，洛克菲勒家族把这块 870 万美元买来的土地无偿捐给了联合国。

联合国大厦建起来之后，周围的土地价格立即飙升上去。没有人能够计算出洛克菲勒家族经营这片土地到底赚回来多少个 870 万美元。

洛克菲勒家族之所以能够收获这么丰厚的回报，就是因为他们播下了一粒智慧的种子。这是睿智，这是胆略，这是胸怀。

洛克菲勒像

生活从来不会主动向人们诉说什么，只有时间会告诉人们真理。洛克菲勒家族的成功告诉我们：帮助别人就是帮助自己，要想收获就必须先给予。

19 世纪末，在上海出版的《申报》上记载了美国的洋油如何打进中国市场的故事：

由于几千年自给自足自然经济的影响，中国人一般都缺乏商品交换意识。当时的人们都在夜间用豆油点灯，而美国有个叫亨利的小伙子来到中国推销马灯，竟没有一家用他的那种玻璃罩子“洋玩意”。在万般无奈的情况下，他已经无法把这些马灯再用轮船运回纽约去了，于是就下定决心给上海租界的中国人每家白送一盏马灯，再

白送一公升美孚（也就是现在我们所用的煤油，这种油是从地底下开采出的石油提炼出来的）。当时的中国人并不知道美孚是什么，更不知道能从地底下抽出油来点灯，只乐得个白占便宜，不用白不用。

于是，人们便尝试着用美国马灯照明，发现果然比中国的豆油灯既亮又防风防雨，不久就普遍推广开来。

亨利天天给用马灯的中国人上门添油，使那些用惯豆油灯的中国人从不屑一顾，到好奇地进行尝试。亨利就抓住了人们爱占小便宜的特点，把所有的马灯和洋油全都白送出去。

接着他立即从美国运来大量的美孚，开始向中国使用马灯的人们出售，半年之内，美孚就在上海打开了市场，人们也以用马灯照明为时髦。一年之后，中国传统的豆油小灯已经被挤出上海市区。亨利因此发了大财，成为美国早期的石油销售大王。

在日常生活中，像亨利这样的例子很多。成功者往往是那些在受了挫折之后，另辟蹊径，利用了人们爱占便宜的心理，首先给予，从而达到自己想要索取的最终目的。

不要剃头挑子一头热

不论你拥有多高的才能、多大的资产，如果不能带来利益，都是白搭。倘若是由自己先来满足别人，所获就当然丰厚。

虽然说人们办事儿都是为了追求和获取某种利益，但如果是剃头挑子一头热，只考虑自己有利而不考虑他人的利益，这种办事态度就不利于办好事、办成事。即使已经获取了某些利益，也只是暂时的，最终将得不偿失。如果既考虑到了自己的利益，又照顾到了他人利益或多数人的利益，那么，这样权衡利益才能惠己及人，相映生辉。

美国某城郊外，有块闲置多年没法利用的不毛之地。有一天，土地所有者终于想了一个主意，他找到当地政府部门的官员说："我这块地不要钱，给你们盖所大学如何?"当地政府欣然接受他的建议，并马上调拨资金，组织实施，一年多的时间里建起了一所颇具规模的高等学府。有大学就有学生，有学生就要消费。地皮老板因赠地建校的义举，轻易地取得了政府支持，在校门外建起了公寓、饭店、商场、影剧院

等，形成商业一条街。只用一年，赠送土地的损失就从商业经营中赚了回来。赠送土地兴办学校是很光彩的事，服务教育事业，赚取一定的利润也在情理之中，可谓予之有术，取之有道。这位地皮老板正是精于妙算，巧妙地运用取予术，使一片荒凉的山坡变为财源滚滚的商业宝地。

"将欲取之，必先予之"。这是古往今来人们办事的经验之谈。

16 世纪初，有很多科学家都面临困难的处境，意大利天文学家及数学家伽利略也面临同样的困难。他把自己的发现和发明当作礼物送给当时最重要的赞助者，从他们那里得到资助从事研究。然而，不管发现多么伟大，这些赞助人通常都是送礼物而不是赠予现金给他，因此他常常没有安定的生活。

1610 年，伽利略发现了木星周围的卫星，他把这个发现集中呈献给麦迪西家族。他在寇西默二世登基时宣布，从望远镜中看见一颗明亮的星星（木星）出现在夜空上，他表示，卫星有 4 颗，代表了寇西默二世与其三个兄弟；而卫星环绕木星运行，就如同这 4 名儿子围绕着王朝的创建者寇西默一世一样。将这项发现呈献给麦迪西家族之后，伽利略委托他人制作一枚徽章——天神丘比特坐在云端之上，四颗星星围绕着他。徽章献给寇西默二世，象征他和天上所有星星的关系。

1610年，寇西默二世任命伽利略为其宫廷哲学家和数学家，并给予全薪。对一名科学家而言，这是人生中最辉煌的岁月，伽利略四处乞求赞助的日子终于结束了。

伽利略像

伽利略仅靠一个简单的举动就摆脱了以前四处求乞的日子，理由很简单：贵族们实际上并不关心科学和真理，他们在意的是名声与荣耀。人们都希望自己看起来比其他人更为显赫出众，伽利略就将他们的名字与宇宙关联，以满足他们的虚荣。能和宇宙联系在一起，这样的荣耀有谁想得到呢？

伽利略的策略让这些贵族们觉得自己不只是在做提供财源这样简单的工作，而是让他们觉得自己富有创造力并权倾一世，甚至比以前创造的伟业更崇高。

由此可见，你不能让他人感到不安，尤其是位居

己上的人，在必要的时候给予他们荣耀会给自己带来许多便利。伽利略不但没有以自己的发现挑战寇西默二世的权威，或者让他们感觉自己在某一方面有不足之处，反而把他们比拟为行星，让整个家族在意大利的王室之间璀璨夺目。他没有抢资助者的风头，而是把荣耀的桂冠戴在别人头上。

不论什么时候，位居高位的人总是希望自己的地位安稳，并在智力、机敏度及魅力方面优于其他人，他们才觉得平衡。那些认为展露并吹嘘自己的天赋和才华就可以赢得上司欢心的想法，是绝对致命而又愚蠢的。你的上司很可能会假装欣赏你，等到一有机会可能就用那些聪明才智、吸引力都比不上你的人来取代你。

也许有人会认为伽利略过于逢迎这些贵族，而失去了作为一名科学家应具有的品质。但是，科学家也不能生活在真空里，他们也需要有足够的经济支撑。如果仅仅用一个小策略就能获得更多的支持，又何乐而不为呢？

生意好做，伙计难搭

合伙谋利，要从重信守约、志同道合、优势互补、德才兼备等方面审慎选择，才能配合默契，事半功倍。

有道是：生意好做，伙计难搭。如果是与人合伙经营，那么合伙人的好坏几乎决定了经营的成败。

选择合伙人是生意成功的关键。认识了自己也要了解合伙的对方，你需要怎样的人与你为伍，最佳的合伙人应具备哪些素质呢？无外乎要从以下几方面考虑。

一是重信守约。重信守约是宝贵的商业道德，也是合伙经营中对合伙人的基本要求。

李兆基像

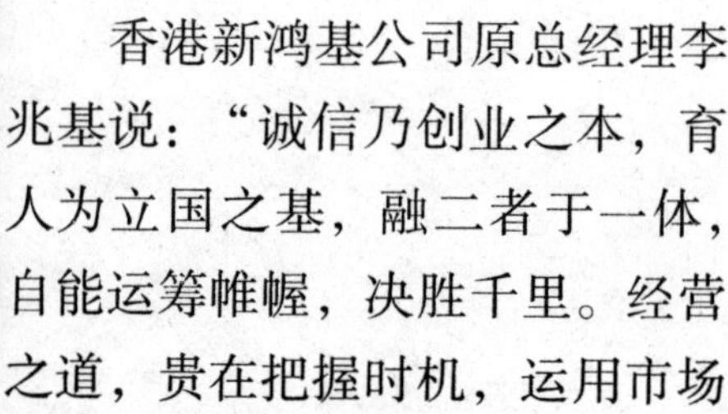

香港新鸿基公司原总经理李兆基说："诚信乃创业之本，育人为立国之基，融二者于一体，自能运筹帷幄，决胜千里。经营之道，贵在把握时机，运用市场

规律。既要勇搏善战，又需严谋明断，同时还应承担社会道义之责任，古今中外皆然。”

新加坡大华银行主席兼总裁黄祖耀说：“企业家成功最重要的因素是：正直。待人正直，必能赢得对方的信任与忠诚。成功的企业老板是建立在长期互利的基础上，而绝非短视及贪图小利。一言九鼎，讲到做到。这等老板必获商界的尊敬，全商界必助他成功。”

曾经与人合伙创立新世界发展有限公司的香港富豪郑裕彤在总结其创业的经验时，更是以“二十三字真言”强调诚信的重要性。这“二十三字真言”是：守信用，重诺言，做事勤恳，处事谨慎，饮水思源，不见利忘义。

在合伙企业中，对合伙人的道德要求非常必要，也非常重要。人上一百，形形色色。我们所接触的人难免泥沙俱下，鱼龙混杂。如果在合伙企业中混入了不具备基本商业道德的人，很可能会把企业的前途断送了。首先，内部的人防不胜防，“堡垒是最容易从内部攻破的”。契约和制度规定得再详细、考虑得再周密，也免不了有所疏漏，为居心不良者留下可乘之机。其次，合伙人的革除比较困难。在合伙企业建立之后，如果发现了合伙人居心不良，不再愿意与他打交道，就只有通过让其退伙或散伙的方式解决，而这就会严重危及到企业的生存与发展，很可能从此一蹶

不振。

二是志同道合。志指的是目标和动机，从广义上讲包含创业者的需求层次，创业者建立企业的动机、目标以及创业者所确定的企业目标等复杂的内容。道在这里主要指的是与志相联系的战略手段和方法，是从整个企业发展的大背景下来讲的。著名老板艾科卡选人的首要标准就是志同道合，他要求他的部下必须熟知他的老板作风，对他的管理办法能够彻头彻尾地贯彻执行。选择合伙人时，志同道合十分重要。

不同的创业者建立企业的目标和动机可能不同，而不同的目标与动机会导致不同的经营战略和方法。中国有一句古话：一年树谷，十年树木，百年树人。用它来比喻制定企业目标的原则实在是再好不过了。办一个企业到底该怎样办，关键是要明白你的目的。如果你的目的是挣一年的钱，你要求的是很快的投资回报，那你的选择就是种粮食，你所有的战略设计就自然围绕它去制定。如果你是想做一个长久性的公司，做百年老字号，那么你的经营策略又有所不同。

应该说，在企业初创时期，目标还是一个潜在的、朦胧的意识。因为你还很弱小，对瞬息万变的市场和企业还缺乏把握，一切都是在日后的发展中逐步明朗的。但是，你应该有一个目标。在开头的时候，你的目标一定要与合作者互相配合，纵使未来目标会逐渐改变，但起初也该方向一致。

三是优势互补。合伙企业就像一架由多个部件组成的机器，各部件之间相互配合、互为补充才能使整台机器正常地运转。一个合伙组合，如果各自都有各自的优势，而且互补性强的话，不仅能为合伙人自己发挥其优势提供更好的条件，还能产生单个人所不具备的新的力量，而使整体的能力得到加强。

最成功的合伙企业是由才能和背景不相同而能默契配合的人们创办出来的。

早已闻名遐迩的劳斯莱斯高级轿车实际上是由两位创办者的姓氏合并而成的。在高级轿车的制造上，两人合作无间，使得劳斯莱斯家喻户晓。然而在个性上，两人却有天壤之别。劳斯出身于英国贵族世家，从小养成勇敢进取的性格，长大后迷上赛车，不计代价地希望得到天底下性能最优越的赛车。莱斯则是一名比较讲究实际的工程师，在他看来，一部车只要安全就行了。两人的意见虽有分歧，但加在一起就造出的车，却成了爱车人梦寐以求的精品。

劳斯莱斯像

四是德才兼备。德才兼备的人是哪一个行业都愿意并希望接纳的人。而不同行业对德和才的要求是不

同的。合伙人的德才要和合伙企业相联系，合伙人的才干包括他具备的知识、技术和能力，这些能帮助合伙企业获利；合伙人的品德与合伙企业的稳定、发展相联系，就能形成诚实守信、团结合作、相互尊重的企业精神。

挑选合伙人时要德才兼顾，全面衡量，切不可只顾其一不顾其二。正像人们所说：有德无才是庸人，有才无德是小人。重德轻才，往往导致与庸人合伙；重才轻德，往往导致与小人合伙，二者都极易使合伙企业失败。

总之，理想的合伙人不仅是一个能提供金钱、安全感或其他方面帮助的人，而且更重要的这个人应该是一个能让人信任、尊敬、同甘共苦的人，是一个具有共同的发展目标和价值观念的人，是一个能够在才能、性格及其他方面相互补充的人，但却不一定是最好的朋友或亲属。

善谋合伙人

倘若没有慧眼如炬的伯乐，日行千里的良马也会被当成驽马，老死于槽枥之间。

中国有句老话说得好：世上先有伯乐，而后才有千里马。没有慧眼如炬的伯乐，日行千里的良马也会被当成驽马，老死于槽枥之间。

美国著名的百货公司萨耶·卢贝克公司创始人之一的理查德·萨耶是靠做小生意起家的，他做梦也没有想到最后生意能做得那么大。他一生最大的长处，也是他成功的最主要因素，就是善于寻找合伙人，使公司每年销售额达70亿美元。

萨耶起初在明尼苏达州一条铁路上当运送货物的代理商。这种代理商的共同烦恼就是有时收货人嫌货不好，拒收送到的货物，代理商若再将货物带回，就会倒赔一笔运费。萨耶灵机一动，想出了一个新招——邮寄。这样不仅退货率大为降低，也为买主增加了便利。这种“函购、邮寄”的方式，在辽阔的新大陆上获得了意外的成功。他的生意必须扩大规模，否则，别人利用他创造的这种经营方法，很可能会赶到他前面去。

他饱尝了“伙计难搭”的苦衷，挑选了将近五年，终于在一个月夜，这个注定要在萨耶的命运中起关键性作用的人，自己骑着马来了。

他叫卢贝克。到圣保罗去买东西，不料中途迷了路，这时他已经饥肠辘辘，人困马乏。在皎洁的月光下，正在徘徊散步的萨耶看着卢贝克，对他的仪容外表顿生仰慕之心。也许，这就是所谓的缘分吧，他邀请卢贝克到他的小店中休息。两人一见如故，困顿全无，一直谈到东方破晓。

“我觉得你的想法非常之好，只要经营得法，一定前程远大。”卢贝克热情地说。

萨耶沉默了，心中翻腾得厉害。他隐约感到，他日夜寻觅的那个人已经出现了，但又不便造次，吞吞吐吐地说：“我有句话，实在不好开口，我想，既然你觉得这一行很有前途，何不参加进来，我们一起经营？”

两人默默相视，然后，隔着桌子热烈地拥抱在一起。以两人姓氏为名的世界性的大企业“萨耶·卢贝克公司”在拥抱中诞生了。

如鱼得水，如虎添翼，两人密切合作，公司第一年的营业额就比萨耶独自一人时增加将近 10 倍，达 40 万美元。第二年的发展更快，这种发展速度不仅让二人始料未及，而且使他俩明显地感到力不从心了。

“也许我们都是中智之才，”萨耶苦笑着说。

“是啊，这话我早想说了，就怕泄了你的气。”卢贝克说，“我们何不请一个有才能的人参加进来?”

萨耶一直视当年发现卢贝克为一大快事，对他的这个建议一拍即合：“好吧，为我们的生意找个经理。”

为上百万美元的生意找个经营人，比找伙计困难多了，他们不久就感到灰心了。这样的将相人才，实在是天才人杰，本来就是很稀少的，即便真有这种人才，恐怕也早被人拉走了。萨耶和卢贝克几次三番地谋划，决定开阔视野，到一般的小商人中去寻找。这也是因为大公司的经理一般不屑于经营他们的“杂货铺”。而在平凡的人物中选拔适当人才委以重任，他一定会尽全力报效，不会像重金聘请的知名人物，即便请来了，也只是抱着“帮帮忙”的心理。

一天，萨耶下班回家，看见桌上放着一块他妻子新买的布料，心中很不高兴：“这种衣服我们店里有的是，干吗要去买别人的?”

“我高兴嘛，”妻子任性地说，“料子不算太好，但花式流行。”

“我的天!”萨耶嚷起来，“这种布料去年上市以来，一直卖不出去，怎么会流行起来?”

“卖布的说的。”妻子坦白了，“今年的游园会上，这种花式将会流行。”

妻子告诉他，在游园会上，当地社交界最有名的

贵妇瑞尔夫人和秦姬夫人都会穿这种花式的衣服，而且还不许萨耶把这个情报说出去。

萨耶对女人在服饰方面这种“不甘人后”的一窝蜂心理早就习以为常，那两位贵妇可以说是当地妇女时装的向导，女人们对他们心目中向往仰慕的女人，更会盲目地跟从。

“这个情报，是谁告诉你的?”萨耶对这个问题产生了兴趣。

妻子支吾了半天，吐露了真话：“卖布的告诉我的，不过，他叫我不要再告诉其他人。”

萨耶真想大笑一场，他明白这全是小布贩的伎俩，竟然把他妻子也哄得牢牢的。只是怕妻子脸上不好看，他才没有把这些揭穿。

萨耶并没有把这件事挂在心上，甚至他店中的这种布料被一个布贩买走了，也没引起他的注意。直到游园的那天，全场妇女之中，只有那两名贵妇及少数几个女人穿那种花色的衣服。萨耶太太也是其中之一，她真是喜形于色，出尽风头。游园结束时，很多妇女拿到一张通知单，上面写着：瑞尔夫人和秦姬夫人所穿的新衣料，本店有售。

萨耶暗自惊讶，有种豁然贯通的感觉。他已觉察出这件事从头到尾都是那个小布贩一手安排的，不禁佩服他的推销手段。

第二天，萨耶约上卢贝克找到那家店铺，只见门

口拥挤不堪，人们争先恐后地在抢购。等他们走近一看，才知道比想象中的更绝。店门前贴着一大张纸，上写道：衣料售完，明日有新货进来。那些拥挤抢购的人唯恐明天买不到，在预先交钱。伙计解释说，这种法国衣料原料不多，难以充分供应。萨耶知道这种布料进货不多，但并非因为缺少原料，而是因为销路不好，没有再继续进口。看到对女人心理如此巧妙的运用，直到以缺货来吊时髦女人的胃口，顿觉这个布贩手法高人一等，令人折服。

“虽然不知他长得什么样，也不知他是老是小，但我几乎可以肯定，这个人就是我们要找的人！”萨耶和卢贝克都这样认为。然而，当他俩与店主见面时，却不禁面面相觑，大出意外，原来他就是经常到他们店里贩布的路华德。他们彼此已认识好几年，从没有深谈过，对他也并没有什么特殊的印象。这次，他们把对方细细打量一遍，才发觉他的目光中有一种说不出的神采，透着强大的吸引力。

寒暄之后，萨耶开门见山：“我们想请你参与我们的生意，坦白地说，想请你去当总经理。”

“请我？这是从何说起？”路华德要求给他三天时间考虑。

“可以是可以，但你要保证，不能再接受其他公司的邀请。”萨耶严肃地说。

路华德笑了：“这是当然，我想我还没有这么吃香，还有谁会要我?”

萨耶又一次表现出他的思路敏捷和处事周到，果然，第二天就有两家化妆品公司请路华德去主管推销方面的业务。如果不是有言在先，路华德完全可能被其他公司拉去。在市场人才争夺中，萨耶抢先了一步，否则，公司的历史也许就要重写了。

当上总经理的路华德为报知遇之恩，天天废寝忘食地工作，终于做出了惊人的成就。萨耶·卢贝克公司生意兴隆，10 年之中，营业额竟增加了 600 多倍。现在，该公司拥有 3 万员工，每年的售货额将近 70 亿美元，对于零售行业来说，这简直是一个不可思议的天文数字。

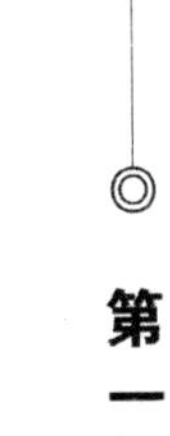

人才是第一要素

要发展大事业，就要有许多各具所长的人才。牵住人才，知人善用，才能将自己的事业做大。

干大事业需要足够的人才。因此，不仅要牵住人才，还要善于使用人才。只有知人善用，才能充分发挥人才的作用，最大限度地实现其价值，为自己的事业提供最优质的服务。

秦末汉初，刘邦由弱到强，打败了强敌项羽。项羽做梦也没想到，自己一直视之为小人的刘邦居然能成气候。刘邦对自己的胜利做了很重要的总结，刘邦说："夫运筹帷幄之中，决胜千里之外，吾不如子房(张良)；镇国家，抚百姓，给饷馈，不绝粮道，吾不如萧何；连百万之众，战必胜，攻必取，吾不如韩信。三者皆人杰，吾能用之，此吾所以取天下也。项羽有一范增而不能用，此所以为我擒也。"

刘邦认为他取得胜利，是由于他善于用才。韩信曾夸口说自己带兵"多多益善"。而刘邦却说：我一个兵也不能带，但我可以"将将"，即可以领导那些

带兵的人。刘邦善于用人，用能人，用在某些方面强过自己的人。刘邦这种驾驭人才的能力，是他取得胜利的根本原因。

以人为本的价值观念是事业生存与发展的内在驱动力，得人才者得天下，古之战争如此，现在的商战更是如此。但是真正的人才能为自己所用的是少之又少，发现人才就显得尤为重要。

一个企业的兴衰成败，归根结底取决于用人或对人才的管理。

一位日本记者曾风趣地说："你想知道日立是怎样获得成功的吗？那么你去看看他们的会议桌。"日立的会议桌的确深藏奥妙——它是圆形的，这就造成一种平等的气氛，无论你坐哪边，都不会感到低人一等。

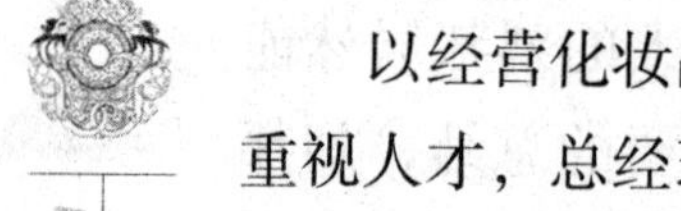

以经营化妆品而闻明全球的玛丽·凯公司，非常重视人才，总经理办公室的大门永远都敞开着，随时欢迎想提意见的人进来。

"台塑大王"王永庆求才若渴，他曾上演的一幕当代的"三顾茅庐"，被企业界传为美谈。

1996年，台湾化学纤维公司成立前夕，王永庆有意把山林废弃的树梢残材，经化学处理后，变为高价值的纤维。但当时他的资金已全部投入到台塑与南亚，无力投资设立台湾化学纤维公司。中小企业银行董事长陈逢源独具慧眼，看好化学纤维的前途，果断地把

在金融界很有地位的了瑞央介绍给王永庆。当时了瑞央为大同公司的董事，碍于大同的关系，他婉言谢绝了王永庆的邀请。王永庆不灰心，不气馁，先后五次盛邀了瑞央，终于说动了瑞央同意到台塑任职。了瑞央到台塑后，经他策划，台塑企业开创了民营企业直接向国外银行取得长期低息贷款的先河，台化所需的资金也在他的努力下顺利解决。

王永庆像

一个企业能发展成多大的规模，就要看老板能够容纳多少人才，有多少人才真正在老板身边。企业老板要做的就是两件事，一是出主意，一是用人。老板出主意还在其次，用好人才最重要。

生意学也是人学

世事洞明皆学问，人情练达即文章。不仅文学是人学，生意学也是人学。

我们常见这样一种对比：一个大学毕业生来到社会上，往往踌躇满志，自以为满腹经纶，可以大有作为。可是经过一段时间之后，却往往士气锐减，甚至变得消沉起来，因为他的实际能力可能比不上那些“小混混”。“小混混”虽然缺少文化，却富于社会知识，懂得世态人情，而大学生虽然不乏书本知识，却不懂得社会，在人际关系上处于弱势。

李嘉诚由于家庭生活所迫，不仅走向社会很早，而且十分早熟。在他还只是个 14 岁少年的时候，就已经开始有意识地体察世事人情了，这可以说是他远远聪明于一般后生之处，也是他一生作为的重要准备。茶楼工作异常辛苦，工作时间长达 15 小时以上。店伙计每天必须在凌晨 5 时左右赶到茶楼，为客人们准备好茶水茶点。白天，茶客较少，但总有几个老翁坐在茶桌旁泡时光。李嘉诚是地位最卑下的堂仔，大伙计休息时，他还要待在茶楼侍候。晚上是茶客最多的时

候，茶楼打烊时，已是夜半人寂了。李嘉诚后来回忆起这段日子，说他是“披星戴月上班去，万家灯火回家来”。这对于一个才十四五岁的少年来说，实在是太不容易了。

李嘉诚像

李嘉诚后来对儿子谈起他少年时的这段经历，感慨地说：“我那时最大的希望，就是美美地睡上三天三夜。”

尽管这样想，但他不敢有丝毫懈怠。李嘉诚每天都把闹钟调快 10 分钟，定好响铃，最早一个赶到茶楼，他一直将这一习惯保留了大半个世纪。而在今天，大家都知道李嘉诚的手表永远比别人的快 10 分钟，这早已成了商界交口赞誉、津津乐道的美谈。

正是因为找工作的倍加艰辛，才使李嘉诚更加珍惜这份来之不易的工作。他真诚敬业，勤勉有加，很快便赢得了老板的赏识，他也成了加薪最快的堂倌。

但是，对当时的李嘉诚来说，这份工作的价值远不止是一个“饭碗”。他深知自己不可以长期做一个小小的堂倌，也不可以满足于养活一家老小，他必须把茶馆的工作当作一个学习社会、体验人生、积累经验的机会。

茶楼是个浓缩的小社会，三教九流，什么人都有。也许是泡在书堆里太久的缘故，李嘉诚对于茶楼里的人和事，有一股特别的新鲜感。

李嘉诚喜欢听茶客谈古论今，传播市井消息。他从这里了解了社会和世界的许多事情。这些事情大部分都是在家中、课堂上闻所未闻的，许多说法，都与家长和老师灌输的那一套大相径庭。世界在李嘉诚面前展现了错综复杂、异彩纷呈的一面，李嘉诚的思维不再单纯得如一张白纸。尽管如此，父亲的遗训刻骨铭心，他在纷繁变幻的世界中并没有迷失个人。

他发现茶楼的客人性格各异，又各有喜好。言谈举止间，有的显得儒雅风流，有的粗俗不堪，有的则默默无语。

于是，在干好自己手头工作的同时，李嘉诚开始暗暗观察起每个客人来。他首先根据各位茶客的特征，揣测他们的籍贯、年龄、职业、财富、性格，等等，然后找机会验证。接着他又揣摩顾客的消费心理，看他们喜欢喝什么茶，喜欢什么茶点。

刚开始，他一点也猜不透茶客的情况，但他没有

气馁，继续观察，不断总结规律。终于，他发现自己能猜个八九不离十了，他高兴极了，觉得观察人太有趣了。

后来，李嘉诚对一些常客的消费需要和消费习惯了如指掌。如谁爱吃虾饺、谁爱吃干蒸烧麦、谁爱吃肠粉加辣椒、谁爱喝红茶、谁爱喝绿茶、什么时候上什么菜点，李嘉诚心中都有一本账。甚至一个陌生人来到店里，李嘉诚也能把他的身份、地位、喜好和性情猜出来。

李嘉诚投其所好，又真诚待人，顾客感到特别受尊重，高兴之余，自然乐得掏腰包。

能赢得顾客并能让顾客乖乖掏钱，自然也能获得老板的欢心。于是，李嘉诚更加自觉地训练自己察言观色、见机行事的本事，他因此很快成了一个十分出色的堂倌，并迅速通察了各种人情世故。

茶楼也是一个传播生意信息的场所，李嘉诚从茶客的谈话中暗自学到了许多做生意的诀窍。

就当时而言，李嘉诚训练察言观色、见机行事的本领，主要是为了干好这份得来不易的工作。后来，他这种本领却派上了大用场，成为他了解客户的真实需要，驾驭客户心理的绝招。可以说，若无这项本领，他绝不可能有后来的辉煌。

命运对任何人都是公平的，一个人付出多少，命运便会给这个人提供多少得到它的机会。只不过，这些机会都是隐蔽的，需要这个人去识别。假如一个人得到一份低微的工作，却总是抱怨与他的身份不配，与他的人生追求大相径庭的话，那这个人将什么也得不到。如果一个人将其作为培养自己的毅力以及各种能力的手段，这个人将大有收获。现时干什么工作并不重要，关键看将来想成为什么人。

合则利，争则败

俗话说，两虎相争，必有一伤。倘若两虎合作，一致对外，当然是力量大增，难遇敌手。

经商离不开社交与合作，聪明的老板深知社交之道与合作之道，并且能运用到位。

九龙仓是香港最大的码头，拥有资产 18 亿港元。人们常说，谁掌握了九龙仓，就等于掌握了香港大部分货物的装卸、储运业务。说它是块商家垂青的肥肉，也许并不妥，但如果以商场比战场，那九龙仓就是兵家必争之地。但是，九龙仓却处在号称“地王”的英国财团怡和洋行的牢牢控制之下。

当时，靠买卖股票起家，居十大财团之首的地产商李嘉诚，也正在暗暗计划争夺九龙仓。对此，英国怡和洋行已有所觉察。然而，李嘉诚当时业务不顺，想从英国人手中收购“和记黄埔”的行动又未竟全功，所以，李嘉诚采取了对九龙仓放缓攻击，对“和记黄埔”加紧进击的战略。

包玉刚向李嘉诚坦然摊出自己进攻九龙仓的商战

计划，希望能得到李嘉诚的支持，并向李嘉诚抛出“和记黄埔”股票9000万股，助李嘉诚攻击“和记黄埔”之战，同时也要求李嘉诚亦应抛出九龙仓股票2000万股给包玉刚，助包玉刚全力攻九龙仓。

这一下，连消带打，化“可能为敌”为必然之友，一箭双雕，却又利人利己，形成了对自己极为有利的态势，取得了进攻的主动地位。首先，这等于李嘉诚退出九龙仓的争夺，包玉刚少了一个对手；其次得到李嘉诚初攻九龙仓的战果2000万股，等于自己悄悄取得了进攻九龙仓的滩头阵地。

李嘉诚慨然允诺，两巨头击掌为盟，一场将轰动世界的商战悄悄拉开了序幕，而英国怡和洋行还不明就里，这就奠定了包玉刚全胜的基础。

显然，当时能够争夺九龙仓的只有英国怡和洋行、地产商李嘉诚和船王包玉刚。这种三角的态势，要想一角去对付另一角，是很困难的，但如果以其中两角的联盟去对付另一角，那就容易得多。在其他人问鼎无望的情况下，李嘉诚、包玉刚联手，力量大增，这就是交合的力量所在。

在以后的竞争中，包玉刚趁英国怡和洋行对己未设防之机，出其不意地迅速购入九龙仓股票1000万股，尔后又秘赴英国，借英国人的钱拆英国人的台。从英国商人手中借了21亿港元，强力收购了2000万股，最后以5000万股的绝对优势夺取了九龙仓，打了一个漂亮仗。此役表现出了包玉刚与李嘉诚极高的合作艺术，从而将争则败、合则利的古训演绎得淋漓尽致。

把你和商品一起推销出去

推销表面是在推销各种商品，其实，他们每时每刻都在推销自己。

推销是一门大学问，善于推销的人总是能把自己和商品一起推销出去的人。

1928 年，吉拉德出生于美国底特律城东南区。他的家在一家煤厂对面，每年冬天，就和哥哥吉姆到对面去。他先从篱笆底下爬进煤厂，递给哥哥一块又一块的煤炭，吉姆把煤块扔进麻袋，然后二人用力把袋子拖回家，把煤炭倒进壁炉里。

当时美国的经济很不景气，吉拉德的父亲工作一直不顺利，多半时候，不是被解雇，就是列在失业名单上。父亲的脾气也因此变得暴躁，经常在孩子身上撒气。吉拉德是挨打最多的一个，他父亲一边打，还一边骂他："你这个坏东西，永远不会有出息，你总有一天要去坐牢的。"挨打带来的恐惧使吉拉德很自卑，从 8 岁起，说话就结结巴巴的，直到成年还是这样。

吉拉德 8 岁时，自己动手做了个擦鞋箱，又买了

儿把刷子和鞋油。每天下午放学后，就去替人擦皮鞋，擦一双鞋他可以得到5美分的报酬。他坚持了5年。

16岁那年，吉拉德在两位朋友的怂恿下，一起去行窃，他们偷了一辆汽车和一家酒吧的钱。三个月后，东窗事发，吉拉德进了少年拘留所，在那儿他度过了一生中最可怕的一个夜晚。

这件事使吉拉德意识到，靠干坏事谋利，迟早会毁了自己，要想出人头地，只有勤劳苦干。于是，他去一个建筑公司当了一名普通工人。由于表现出色，深受老板赏识。这以后，他结了婚，有了幸福的家庭。

老板退休后，将生意交给了吉拉德。为了扩大生意吉拉德决定从事房地产投资。没想到，他被人家坑了，不但没赚到钱，反而负债累累。

为了躲债，他连自己家的大门都不敢进。每天晚上回家，他都要把汽车停在几条街以外的地方，然后从巷子里翻过后面的围墙，偷偷地溜进屋里。

当然，这种战术并没有奏效，他很快失去住宅、车子，还有尊严。于是给他留下的，只有妻子、孩子、债务，还有一颗永不服输的心。

在一所设备简陋的临时住所里，妻子乔伊告诉他，家里一点食物也没有了。乔伊是一个贤惠的女人，知道丈夫难过，本不想告诉他这件苦恼的事，可她一筹莫展。吉拉德的心被深深刺痛了，他决心破釜沉舟，带自己的家庭走出困境。

吉拉德去找底特律一家汽车经销公司的经理哈雷先生，希望在他的手下当一名推销员。哈雷先生问他："你当过汽车推销员没有？"

吉拉德坚定地说："我推销过其他的东西——报纸、鞋油、房屋、食品，但人们真正买的是我，我推销自己，哈雷先生。"

哈雷说："现在正是严冬，是销售的淡季，假如我雇用了你，会受到其他推销员的责难，再说也没有足够的带暖气的房间给你用。"

"哈雷先生，假如您不雇用我，您将犯下一生中最大的错误。我不抢其他推销员的店面生意，我也不要暖气，我只要一张桌子和一部电话。两个月内我将打破您最佳推销员的记录，就这么定了吧。"吉拉德说。

哈雷先生终于同意了吉拉德的请求，在楼上的角落里，给了他一张满是灰尘的桌子和一部电话。就这样，吉拉德开始了他的汽车推销生涯。

吉拉德有严重的口吃，这对当推销员很不利。不过，对一个有无比决心和勇气的人来说，这种缺陷已算不了什么。凭着一股一定要成功的劲头，他能让哈雷先生接受自己，当然也能让客户接受自己推销的汽车。与这种决心相比，甚至连推销技巧也退居次要。

三年之后，也就是1966年，他推销出去614辆汽车和卡车，都是零卖的。这一年，他荣登"全世界零

售汽车及卡车推销员第一名”的宝座。

在这之后，每一年他都是“零售汽车及卡车推销员第一名”，每年生意都增加10%以上，有时高达20%。吉拉德也因此成为富豪，他的住宅、汽车和尊严都回来了，而且胜过从前。

虚虚实实，文无定法

有些事情，过于拘泥于常规就只能放弃。如果来点儿虚虚实实的招法，也许会收到意想不到的效果。

生意场上，虚虚实实的事情举不胜举。正所谓文无定法，武无定招。

70 多年前，日本神户新开了一家经营煤炭的福松商会，经理便是少年得志的松永左卫门。开张不久的一天，商会来了一个当时神户最出名的西村豪华饭店的侍者，他送给松永一封信，上书“松永老板敬启”，下款“山下龟三郎拜”。内称：“鄙人是横滨的煤炭商，承蒙福泽桃介（松永父亲的老友，借了巨资给松永作商会的开办费）先生的部下秋原介绍，欣闻您在神户经营煤炭，请多关照。为表敬意，今晚鄙人在西村饭店聊备薄宴，恭候大驾，不胜荣幸。”

当晚，松永一踏进西村饭店，就受到热情款待，山下龟三郎毕恭毕敬，使得松永不免飘飘然。

酒宴进行中，山下提出了自己的恳求：“安治有一家相当大的煤炭零售店，信誉很好。老板阿部君是

我的老顾客。如果承蒙松永先生信任我，愿意让我为您效劳，通过我将贵商会的煤炭卖给阿部，他一定乐于接受。贵商会肯定会从中得利，我呢，只要一点佣金就行了。不知先生意下如何?”

松永一听，心里马上盘算起来。没等他开口，山下就把女招待叫来，请她帮忙买些神户的特产瓦形煎饼来。并当着松永的面，从怀里掏出一大叠大面额钞票，随手交给女招待，并另外多抽出一张作为小费。

松永看着那一大叠钞票，暗暗吃惊。眼前的这一切，使他眼花缭乱。稍一镇定，便对山下说：“山下先生，可以考虑接受你的请求。”

稍作谈判后，松永便与山下签下了合同。

丰盛的晚宴后，松永一离开，山下便马上赶到车站，搭上末班车回横滨去了。西村饭店这样高的消费，哪是山下所能承受得了的?

山下那一大叠钞票，其实只是他以横滨那不景气的煤炭店做抵押，临时向银行借来的；介绍信则是在了解了福泽、秋源与松永的关系后，借口向福松商会购买煤炭请秋原写的。然后，山下又利用豪华气派的西村饭店做舞台，成功地上演了一出戏。

从那以后，山下一文不花，从福松商会得到煤炭，再转卖给阿部，从中大获其利。

业务介绍信、饭店里设宴谈生意、给招待员小费，这些都是日本商界中司空见惯的。山下就是利用这些

极为平常的小事，显示自己拥有雄厚的实力，隐藏自己没有资金做煤炭生意的事实，从而达到了自己的目的。而年轻的松永被山下的恭敬态度、热情招待和慷慨气度所迷惑，轻信了山下。

组织信息就是组织财源

可利用的信息是无限的，而组织与整合信息则是赢得财富的绝佳谋略智慧。

在信息社会中，组织信息就是组织资源，组织资源就是组织财富。关键问题是要拥有眼观六路的眼光和思路开阔的头脑。

拉菲尔·杜德拉是委内瑞拉人，原在一家公司当职员，经常为生计问题犯愁。后来他自己做一点小本生意，生活状况有所好转。

20世纪60年代中期，杜德拉获悉阿根廷打算从国际市场上采购价值2000万美元的丁烷气。虽然他财力不足，但很想接下这宗生意。他决定去阿根廷考察个究竟，看看这一信息是否确实。到那里一打听，发现果有此事。于是他盘算着怎么争取到这笔生意。

杜德拉当时从未接触过石油业，对该行业没有半点经验。他经过多方面调查后，发现这宗生意已有两位非常强大的竞争对手，一个是英国石油公司，另一个是壳牌石油公司。这两个公司财雄势大，有丰富的石油经营经验。杜德拉知道，如果从正面与这两大竞

争对手较量，无异是以卵击石，于是，他决定采用侧面进攻的战术参与这2000万美元买卖的竞争。

杜德拉再次对阿根廷市场做深入调查，发现这里的牛肉过剩，急于寻找出路。他反复思考，认为可以在这个问题上大做文章，如果自己能帮阿根廷推销过剩的牛肉，就可促使阿根廷购买自己的丁烷气。

杜德拉向阿根廷政府说："如果你们向我购买2000万美元的丁烷气，我便向你们订购2000万美元的牛肉。"阿根廷政府觉得杜德拉的条件优于其他竞争者，能解自己的燃眉之急，便决定把采购丁烷气的投标机会给他，使他一下就拥有了强大的进攻力量。

杜德拉在推销牛肉的过程中发现，西班牙有一家大船厂，这家工厂制造能力很强，却缺少订单，使工厂处于半停工状态，西班牙政府对此十分关注。杜德拉认为这条信息又是一个很好的机遇，便前往该国的有关政府部门游说。他表示："假如你们向我买2000万美元的牛肉，我便向你们的船厂定购一条价值2000万美元的超级油轮。"这一条件对西班牙政府来说是求之不得的，因为平时它总是要进口牛肉的。于是，他们立即确认，并通过西班牙驻阿根廷大使与阿根廷联络，告诉阿根廷将杜德拉所订购的2000万美元的牛肉直接运往西班牙。

事实上，杜德拉在向西班牙推销牛肉的同时，已在物色购船的客户。他找到美国的太阳石油公司，对

这家公司的老板说："如果你们肯出2000万美元来租用我的一条超级油轮，我就向你们购买2000万美元的丁烷气。"太阳石油公司想，反正自己是要租用油轮的，现在他能买自己的产品，条件是有利的，所以欣然接受了。

最后，这宗一环扣一环的买卖终于实现了，杜德拉所做成的生意不是2000万美元，而是6000万美元。他在这桩巨额的交易中，分文资本不出，从中获取了数百万美元的利润。这样的成功，在商业史上是罕见的，这是杜德拉旗开得胜的战绩。从此以后，他继续运用这种经营术，连续取得成功，很快加入到世界巨富的行列。

撒得“财网”遍地张

当你一旦建立起一个四通八达的关系网，并使这张网络进入到一种良性的运作之中，你就会觉得“财神爷”也是你的朋友了！

在生活中，你可能已经发现，在社会上奔忙的芸芸众生，大多数人的口袋里或是手机里都有一本电话簿，记录着对他的生活有或多或少影响的人的联系方式。从一定意义上来说，他就生活在那本电话簿里。

在我们的生活中，人都是社会的人，不可能一个人生存在地球上，每一个人都有自己的父母、兄弟、姐妹，还有亲戚、朋友，参加工作之后还有同事、同行等。这些错综复杂的关系使得每一个人都会拥有一张网。你要创业，要搞营销，就要充分地利用这一张网。如果你利用得好，就可以收到事半功倍的效果，不是一举两得，而是一举数得。

美国汽车推销大王乔·吉拉德有一个著名的 250 定律。他通过多年的细心观察，发现在我们每一个人的生活圈子里，都有一些关系比较密切的熟人和朋友，而这些熟人和朋友的数字总和大约是 250 人。

无论乔·吉拉德的这一观察结果是否精确，但有一点是绝对可以肯定的，即每一个人总是有一个生活圈子，而这个生活圈子不是由别的什么东西构成，它就是由人构成的。人与人之间的联系是以一种几何数来向外扩张的。无论他是一个善于交际的公关高手，还是一个深居简出的内向的人，其身边都有一群人。对于一个想要搞营销的生意人来说，这一群人就是你客户网络的基础，这个“网络”能给你带来许多财富。

美国著名的戴尔电脑公司的创始人迈克尔·戴尔，在他16岁那一年负责为《休斯顿邮报》争取订户。在争取订户的过程中，小戴尔发现要通过随机拜访的方式来争取订户，往往十分费力，而且效果很不好，因为你不知道哪一家真的想订报。戴尔后来经过分析，找到了订户的主要特征，这样通过很简单的方法，他就能争取到很多订户。他当年的收入高达18000美元。戴尔的这段经历对他后来利用改变销售的模式和销售观念创建戴尔公司，有着相当大的影响。其实，戴尔采用的争取订户的方法，就是利用了人和人之间形成的各种关系网。

有一位上市公司的高级行政人员的秘书小姐，她的工作使她有机会接触到各行各业的人士，而这些人士大都有较高的经济收入和较高的社会地位。这位秘书小姐就将这些人士按照一定的规律整理成册，形成

了一张详细的网络，内容是这些人的行业属性、性别、职务等，时间长了，她积累了几大本。后来，她参加了社会上流行的一种新的销售形式——直销。在工作之余，她按照自己的“联络图”，进行直销物品的推销，居然大获成功。

这可以给我们许多的启示。我们做生意、办公司，就要面对顾客。用怎样的方法可以起到事半功倍的效果呢？答案只有一个，建立一张顾客的关系网络，让顾客给你介绍顾客。

当你一旦建立起一个四通八达的客户网，并能使这张网络进入到一种良性的运作之中，你就会看到你的生意蒸蒸日上，你就会觉得“财神爷”也是你的朋友了！

第二篇

谋职先谋人

现代社会中，绝大多数人都要靠职业谋生。所以，职业已成为我们生活的重要组成部分。能否拥有一个好职业几乎关系到一个人一生的顺逆成败，而职业的选择在很多时候并不是由自己说了算的，一方面是你能干什么，另一方面是让你干什么，前者是你个人的才干问题，后者是职场中的规则和权力问题。而职场中的用人规则和用人权力是由某个人或某些人掌控和决定的，你要想谋得某一职业，必先谋得与这一职业相关人员的支持、欣赏和垂爱。这便是“谋职先谋人”所要揭示的要义所在。

谋一个好的引荐人

谋得一个好的引荐人，是谋职的重要前提。因为许多“千里马”都是得益于“伯乐”的举荐，方能才干凸显，奔腾千里的。

人在社会中谋得一个理想的职位并不是一件容易的事情，如果能求得一个好的引荐人给自己做介绍，就比自己单打独斗盲目地瞎碰好多了。

《战国策·韩策》里记载了一个小故事：

安邑的御史死了，他的副手想得到这个职位，又唯恐不能升任。输地里（安邑的地名）有个人便去替他周旋，这个人对安邑令说：“我们听说公孙綦托人向魏王请求御史的职位，可是魏王说，那里不是有个副手吗？我难以改变他们的规定。”安邑令立即让副职升任御史。

当我们推销自己时，难免会遇到种种事先不可能了解的情况：上司为人如何？喜欢什么？讨厌什么？另外，那位接受推销的上司也难免心生疑窦：“这个人究竟怎么样？才能如何？是否诚实可靠？”这时，如果有位中间人疏通情报，沟通消息，那么双方间的障碍就很容易消除。有一位上司信赖的中间人，能够替你在他面前美言力荐，那么，你的推销就成功一半了。

俗话说："好风凭借力。"一个人在事业上要想获得职位和晋升，除了靠自己的努力奋斗外，有时还要借助他人的力量才能达到目的。应用这种方法以获得成功的策略称为"借梯上楼法"。

一般来说，无论引荐者的名望大小、地位高低，只要对你的成功有所帮助，他就是你登上高处的好梯子，他的威信和影响对你都有用处。一般人除对权威和名望有一种崇拜和信任感之外，对熟识的人同样有一种信任和依赖的感觉，因而他们常常会从推荐者身上来估量被推荐者的能力和人格，这种透视现象可以帮助你步步高升。

如果引荐者是一位名人，你就更易得到社会的承认、上司的赏识。唯有得到社会的承认，你的事业才算是真正的成功，职务才会得以晋升。否则，你就很可能被埋没，怀才不遇而枉有一身能耐。

经常可以看到这样的现象：人们所处机构的层次不同，会严重影响社会对个人自身价值的评估。处于声望较低机构中的人，尽管其才能或成果是一流的，却往往不能及时得到施展和承认；而相反，在声望较高的机构中工作的人，可能其才能或成果是二流的，甚至是三四流的，却容易人尽其才，被承认的机会相

对要多得多。美国著名科学家杰里·加斯顿把这一现象称为“波顿克效应”。

史密斯像

在“波顿克效应”的阴影笼罩下，古今中外不知被埋没了多少优秀人才。英国的地层学之父史密斯，是生物地层学创始人，他原是个标尺工出身的工程师。他编绘的“英国地层表”被埋没了20年之久，究其原因就是因为当时社会认为他是个出身卑贱、无人知晓的测绘人员。我国陆家羲的数学论文在国内一直不能发表，这与他只不过是包头市九中的一个普通教师有着极大的关系。

那么，我们怎样才能走出“波顿克效应”的阴影，使自己的才华得以施展，自己的成果得到承认呢？寻求权威、名人的举荐、提携乃是一个极好的办法，因为权威、名人往往身居上层，任居要职，他们的举荐、提携也就颇具分量。

法国科学家法拉第原是一个印刷厂的工人。他在装订图书的时候，才对科学产生兴趣并开始做简单的实验。一次偶然的机会，他听了著名化学家戴维的化学讲座。回家之后，法拉第鼓足勇气，把自己的心得笔记寄给了这位大科学家。过了不久，戴维就邀请他参加一个讲座。在戴维的鼓励下，法拉第做了许多出色的实验工作。法拉第还被引荐为皇家学院教授，这成了当时科学界的一个奇迹。当人们问到戴维，什么是他的最大发现时，他的回答是“法拉第”。

可见，谋得一个好的引荐人，是谋职的重要前提。因为许多“千里马”都是得益于“伯乐”的举荐，方能才干凸显，奔腾千里的。

做一个主动的求职者

求职者总爱将自己置于被动地位。其实，是主动还是被动，全看求职者的本事。

我们知道，面试时的良好表现是求职者成功的保障，但要真正做到很好地表现自己，还得在准备方面多下功夫才行。

在面试开始时，求职者不了解招聘者，招聘者也不了解求职者，所以两者都是抱着试探的态度和对方接触。除了简历上有关的硬性指标，如学历、工作经历等，其他信息的可靠性常常受求职者自信心的影响。尤其是面试，短暂的交流能迅速提高相互的信任度，而自信心的充分表现可以增强招聘者对正面信息的接受，也有助于提升招聘者做出抉择的信心。所以，求职者应表现得开朗、大方、果断、自信，给对方留下良好的印象，进而使他们接受自己的观点、意见和要求。

“面试如同打牌。你有一手好牌，不要一次出光，要控制节奏，每隔几分钟打一张好牌，激发对方的兴奋点。牌局结束，你的好牌，也就是你的优点应该全部展现出来了。”

这是张青小姐对面试的体会。几个月来，陆续有三四家公司（公司规模逐级升格）抛来橄榄枝，邀请她去做部门主管。

两年前，张小姐离开了工作三年的国企，跳入“海”中，做了一名普通的销售人员。当时，她没有对自己提出过高的要求，因为她觉得市场并不一定认可她在国企的辉煌。

张小姐为自己整理思路：自己三年的国企工作经验可以看作是一个纵向坐标，她了解房地产从物业到开发的全过程。如今，市场是个横向坐标，她需要对行业进行全面了解。

熟悉房地产流程，经历过财务、销售、策划、管理、客户、培训等各个环节，张青认为这并不意味着面试一定会成功。“表达也很关键，”张青说。

在多数人看来，面试时应该由考官掌握主动，而张小姐却把这倒了过来。

一次，张小姐参加一个大型的人才招聘会，来到一家心仪已久的公司。“这么大的人才招聘会，我只关注两个公司，最后还是把简历投给贵公司。”张小姐递上简历，非常真诚地告诉考官。

主考官立刻有了兴趣，试探着说了一句：“你对我们的期望别太高。”

张小姐的话接得很有技巧：“我从事这行的培训，从第一家到最后一家，经典案例始终是你们。现在，

我想亲眼看看我听过的经典案例到底是怎样运作的。”

张青赢得了这次机会。在她看来，应聘者应该持有这样的立场：有诚意，表达清楚，目的专一。同时，要学会调动招聘者的激情。

张小姐有一个面试的“五分钟原则”。对话开始时，应聘者以说为主，考官以听为主。经过五分钟一个回合的交手后，应聘者应该对考官的兴趣有所了解，并成功调动他发言的积极性，应聘者站到听众的位置。

在这个交锋中，应聘者不应该是简单的敷衍或附和考官。张小姐用自己的经验证明，有时谈一些敏感的问题是吸引考官注意力的好手段。

也是在一次面试中，经过一番问答之后，主考官允许应聘者发问。轮到张小姐时，她的第一个问题就引起考官的兴趣：“在北京市刚刚评选出的金牌发展商中，你们处于哪个档次?”“据我估测，你们的收入应该是……那你们的转型是怎样操作的?”

一个接一个的问题让主考官惊讶异常：“你对我们经营策略之了解，如同你是策划者一样。”

总结经验，张小姐认为，自己之所以每次都与考官相谈甚欢，与充分的前期准备分不开。几乎每天她都要上网留心各种相关资料，给每个公司建立自己的数据库。“如果对一个公司很了解，这会让招聘者感到轻松。因为主考官没有时间同你磨合，他希望你是个熟手。”

勇于毛遂自荐

“酒香不怕巷子深”的时代已经成为过去时，现代求职需要主动出击，没有机会？自己创造！

“毛遂自荐”的典故，人们几乎耳熟能详了。现代求职者如果缺乏这种精神，肯定会吃亏不少，但若发扬这种精神，自会获益多多。

有位A小姐，她的英文很好。有一天，她来到一家出版社，要见社长，她想到出版社当名编辑。可这家出版社没有英文图书的出版计划，所以无法用她。这位小姐请社长把她介绍到别的出版社，社长把她推荐给一位同行，这位小姐居然很快就有了工作。

后来这两位出版社的领导碰在一起时，社长的那位同行还说：“真感谢你给我介绍这位好编辑。”其实，介绍A小姐的那位社长当时并不觉得她的英文能力像她所描述的那样好，但敢于毛遂自荐，至少表现了一种积极主动、勇于向陌生的人和事挑战的优点，当老板的很喜欢用这样的人。

当今时代，老板用人的最大原则当然是能为他赚

钱，因此他们更喜欢那种积极主动并富有挑战精神的人。在我们周围可以找出很多勇于毛遂自荐获得成功、怯于自荐原地踏步的例子。特别是在当今社会竞争如此激烈的情况下，再也不是那种“待价而沽”或“三顾茅庐”的时代，如果不主动出击，光等着让别人看得到你，知道你的存在，知道你的能力，你就有可能“坐以待毙”或错失良机，至少你获得机会的时机比别人晚。

所以，找工作时与其坐等伯乐，不如毛遂自荐！有了工作，也不能就此满足，应该发挥毛遂自荐的精神，推荐自己去从事某项工作或担任某项职务。不过热门的职务和工作角逐者多，这种毛遂自荐的效果不会太好，但总比闷声不响好。还有一种情况建议你去毛遂自荐——勇于面对困难的工作！

如果你有能力，可自告奋勇地去挑战那种人人避之唯恐不及的工作。在别人都不愿意做的时候，你的毛遂自荐正好可以显示你的存在，如果挑战成功，你当然是唯一的英雄！如果失败，也学到了宝贵的经验，而且也不会有人责怪你，因为本来就没有人愿意去做！此外，你的毛遂自荐，也替你的上司解决了难题，他对你的感激当然不在话下。而最重要的是，这个过程将成为你日后面对更艰难工作的勇气来源，你的作为也将成为人们给你最高评价的基础，光是这一点，就可让你在日后“享用不尽”！

如果你的毛遂自荐没有如愿，千万别灰心丧气，因为你的勇气已在别人心中留下深刻的印象，而且一次的失败正是下次“成功的本钱”！

乐融于群

处理与同事的关系需要坦诚和平和的心态，需要宽容和随和的姿态，也需要与人为善和大度包容的胸襟。

同事之间的关系，既不能过分亲热，也不能过分疏远。如果关系太亲，会让上司误认为你在搞小帮派、小团体；如果与同事之间关系太疏，也会被人认为你孤僻、不合群。那么怎样做才是最合适的？

与同事相处的第一步便是平等。不管你是资深一等的职场老职员，还是新近就职的新员工，都需要丢掉不平等的观念，无论是心存自大或心存自卑都是同事间相处的大忌。和谐的同事关系对你的工作有很大的好处，同事是工作中的伙伴，也可以成为生活中的朋友。但面对共同的工作，尤其是遇到晋升、加薪等问题时，同事间的关系就会变得有些紧张。此时，你应该抛开杂念，专心致志地投入到工作中去，不耍手段，不玩计谋，但决不放弃与同事公平竞争的机会。

同事之间在一起工作的时间长了，必然会产生一些摩擦、争执和各种矛盾。作为一名理智的办公室职员，应该懂得如何避免这种矛盾，这就需要大家以诚相待。

如果你觉得和同事相处很困难，你可以试着从以下方面对自己进行改造：当你的同事有意或无意吹捧自己多有才能，上司怎么欣赏他时，你千万不要嫉妒他，你要真心诚意地看待对方的长处，拿他的长处去和自己的短处相比较，也许能从中得到启发。当同事们趁着上司不在，聚在一起谈天论地的时候，你不要熟视无睹，应该暂时放下自己手中的工作，凑过去跟他们聊几句无关紧要的话题，或者讲一个无伤大雅的笑话，这样会让同事感到你很合群，对你以后和大家融洽相处很有帮助。当你和同事闲聊时，不可避免地会涉及到某人或某些事，你需要记住千万不要把同事告诉你的任何话题转告上司，因为没有不透风的墙，一旦大家知道了，肯定会遭到同事们的一致反对，并且会孤立你。

如果与你合作多年的同事另谋他就，公司给你派来了新的搭档，你听说此人名声不太好，心里就非常不安，唯恐你俩在以后的合作中有不愉快的事情发生。在这种情况下，你不妨抱着试试看的态度，证实对方是否像他人议论的那样。经过观察、分析，再做出判断。在与对方合作时，你要摆出真诚的姿态和他合作，而不是挑战的姿态。凡事你要主动和他商量、研究，事事都要以客观的态度去对待。只要双方配合默契，

就能够获得满意的效果。但如果双方都心存芥蒂，就什么事也不可能做好。

总之，处理与同事的关系需要坦诚和平和的心态，需要宽容和随和的姿态，也需要与人为善和大度包容的胸襟。

基本的游戏规则

> 职场上的游戏规则应该是：多做事，少说话；与直接上级建立深厚的工作情谊；记住公司永远是对的，其他的都是这句话的注解。

王先生一脸真诚地叙述着他的经历和体会：大学毕业转眼间已6年了。在这6年间，他先后应聘到民企、外企工作，并且每次都是从零起步做到高级职位。在这当中也遭遇一些挫折，其中滋味无以言表，即“受宠者有之，遭贬者有之，得意者有之，失意者亦有之。”根据他的亲身体会，他愿意将初进一家公司特别需要关注的几个重点问题，介绍给广大朋友，特别是那些刚从学校毕业尚没有工作经验的朋友们。

一是多做事，少说话。

对于一个刚毕业的学生来说，应聘到一家公司，处处都是陌生的，对公司的文化理念、办事程序、领导风格、工作习惯、规章制度等都还不了解。

大多数人一般需要1~3个月的时间才能对公司逐渐熟悉并适应，最快至少也要一个月左右的时间才行。

试用期间，新员工应像林黛玉进贾府一样“处处留心，时时在意”。初来乍到，一切以认真工作为主，少发言或不发言为佳。中国的文化素以个人背景和资历为尺度，来评价一个人的地位与分量，中国企业也就沿袭了这一传统。在公司里毫无顾忌敢大声说话者往往都是有“来头”的，大都是公司里的一些“有功之臣”或是上司的“亲信”，而对于初到公司资历尚浅又无后台的新人来说，如果此时随意地乱“说话”，必定是“凶多吉少”。王先生刚毕业时曾就职于一家民营企业，因对公司不良的行为发表了一些看法，被上司的“耳目”听到，留下了“后患”，最后酿成了大祸，被上司炒了鱿鱼。

新进公司伊始，因不知公司内幕的深浅，不知道说什么是对的或说什么是错的，有时往往会因一句话说出来就引来大祸。尽管说者对公司抱有善意的目的，但未必得到良好的结果。而一开始就拼命工作，坚持“沉默是金”的态度，就能得到上级或同事的认可，给他们留下美好的第一印象，也会为以后的长期发展打下坚实的基础。

二是与直接上级建立深厚的工作友谊。

在公司里与直接上司搞好关系好处有许多，因为你的直接上司是你在公司中交往最多的人，你所做的工作由他（她）来安排，你所写的报告由他（她）第一个签批，并且人力资源部门对你的表现进行考评时，也是以你的直接上司的意见为主的。可见，与直接上司的关系搞好了，他（她）将成为你在公司里发展的“贵人”。你的试用、转正、提薪、晋职、福利好处全靠他（她）的一张嘴、一支笔了。如果你与直接上司的关系搞僵了，那就有你的好看了，正所谓叫你“吃不了兜着走”。不信，你就试试，轻则处处找你的茬儿，让你没有一天好日子过。重则让你卷铺盖走人，看看谁比谁厉害。总之，直接上司可能是你在公司里发展的“贵人”，也有可能成为你的“祸头”，至于二者你取哪种，选择权最终就在你的手里，就看你是怎样运用这个权利。

三是记住上司永远是对的，其他的都是这句话的注解。

有人会说，这句话有些过激，事实上这句话很实际。想想看，公司的上司为什么要请你来，是不是为了满足他（她）的需要？你在公司里的成长和发展都取决于上司的需求被满足的程度。上司对你的表现满意，就晋升或提薪，前途无量，灿烂似锦。如果上司对你说半个“不”字，则说明你就有大麻烦了。

很多在职场上摸爬滚打的朋友常常会犯这种错误：认为自己的意见和建议是对的，是符合科学逻辑的，但往往却忽略了一个最重要的“逻辑”，那就是“胳膊拧不过大腿”和“上司永远是对的”。这一法则对刚进公司的新人来说，也是很有警戒意义的。或许此

时你的上司不是真正的公司上司，而是你的直接上司或是公司里某些你所惹不起的人，面对此情此景，你所要做的就是放下一些身份，委屈一下自己，先让那些“上司”满意后，方能保存自己、积蓄实力，再投入新的战斗。

当然，新职员进入公司需要了解知道并做到的事情有许多，在这儿很难也不可能介绍得面面俱到。但是只要把上述的所要注意的事项做到位了，你的个人职业生涯也就迈开了成功的第一步。请记住：认真做事，只能把事情做对；用心做事，才能把事情做好。让我们用心做事吧。

忠诚于自己的老板

怎样使老板相信你，这不是纯能力能解决的事。最重要的是，你对老板始终如一的忠诚。

一个员工假如得不到老板的信任，不但很难推动他的工作，甚至也不可能干得太久，也不会有升迁的机会。企业是老板的事业，他绝不可能重用一个他信不过的人。

老板要重用一个人，是以他的能力来作为衡量标准的，不见得人人都是他的亲信。只要自己的能力强，还怕老板不重用吗？这只是似是而非的说法，老板认为“你有能力做好某项工作”，把工作交给你去做，就是一种信任的表示。但是，你怎样使老板相信你有这种能力呢？这就不是纯能力能够解决的事了。

这里所说的“信任”，不是指“推心置腹”的意思，或许只是由于老板对你工作能力的信任。他为了工作上的需要，不得不重用你，你只要在工作上表现得好，老板就不会亏待你。这话没有错，若你不能在“工作表现良好”的基础上，进一步获得老板对你这

个人本身的信任，有一天，你或许会遭遇到“鸟尽弓藏”的悲哀。

碰到这种情况，只有两种可能：一是老板设法争取你，使你变为他的心腹，以备将来大用；二是你改变自己，去适应老板的模式，让老板认为你是个忠诚可靠、堪当大任的人。

有很多人，往往把“我做事有我的原则”这句话挂在口头上。不错，做事当然要有原则，这是任何人也不能否认的，但是，有了原则决不能标榜自己，而且原则也不是一成不变的。因为你执行工作的原则，是根据老板的意愿建立起来的，已不能完全算是你的原则。若你坚持自己的原则，不理会老板的原则，那你在工作上就要痛苦不堪了。你应当明白，老板终究是老板，公司是由他总负责的。若你完全照你的理想、原则去做，你把老板当什么呢？

作为下属，在没有接到关于决策变动的情况时，不要由于听到小道消息或自己的主观判断而停止执行命令。

接受任务，就表示你负担了这份责任。若在执行决策过程中执行不力，那么，你就很难再得到重要的任务了。

艾莉丝是经济学家葛尔布莱的女管家。一次，葛尔布莱感到特别劳累，吩咐艾莉丝在自己午睡时任何电话都不接。一会儿，白宫打来电话。

“请找葛尔布莱，我是约翰逊。”原来是总统的电话。

“他在午睡，嘱咐过不要叫他，总统先生。”艾莉丝回答道。

约翰逊像

“把他叫醒，我有要紧事。”总统焦急地说。

“不，总统先生，我是替他工作，而不是替您工作。”艾莉丝坚持道。

事后，葛尔布莱向总统表示歉意，总统说：“告诉你的管家，我要她到白宫来工作。”

老板希望的首先是命令的执行，而不是变更、拖后。一旦老板发觉员工没有按照老板的意图去办事的时候，也许他会直接怀疑到你办其他事情的可靠性。

一位姓张的老板，不问青红皂白，写信把他的一个生意伙伴骂了一顿，骂他没有良心。可是过了几个星期之后，他觉得后悔了，决定亲自打电话向那个生意伙伴道歉。

秘书刘小姐说：“不用了，你那封信我根本没有发出去，因为我清楚你会后悔的，因此我就把信压下

了。”张老板听了后如释重负，可是又怀疑地问道：“压了整整三个星期？”刘小姐说：“是呀。”

“最近发到欧洲那几封信也压下了吗？”

刘小姐回答说：“没有，因为我知道那些信是不该压的。”

没想到张老板大怒：“这事是你做主还是我做主？”刘小姐说：“我做错了吗？”张老板说：“是的。”

就这样，刘小姐被记了一个小过，只是没有公开。当然，刘小姐觉得自己满肚子的委屈，向另一位同事诉说苦衷。结果，半个月之后，秘书刘小姐被解雇了。

自作主张地将老板的信件扣押，而没有与老板进行任何沟通，要真是出了什么问题，带来严重的后果，这样的人怎么能够让老板放心得下。

既重内容，也重形式

在别人手下做事情，既要敬业又要会敬业，既要苦干又会巧干，既干得好又说得好。这不属虚荣，而是实实在在的人生需要。

所有的老板都力争使自己的公司做出卓越的成绩，拿出一些光彩的东西来。这样，他就自然而然地需要几个乃至一批兢兢业业、埋头苦干的员工，为他创出业绩。

要想成为老板的得力助手，成为老板的“红人”，那就要求你首先做好本职工作，有较强的敬业精神。这是你在老板面前说得上话、办得了事的根本因素。

光是敬业还不是全部，就是说不只是要敬业，而且也要会敬业。这里有几个方面的技巧一定要谨记。

一是苦干还要加巧干

勤勤恳恳、埋头苦干的敬业精神非常值得推广，但一定要注意工作效率，注意工作方法。有很多人工作认真、兢兢业业，但忙碌了一辈子就是没干出多少成绩来，不仅没得到老板的赏识，反而在老板和同事中留下了“笨”的印象，实在是太可惜了。

苦干是老板喜欢看到的，而老板更喜欢会巧干的员工。设想一下，老板将同一项任务，交给甲需要一个月才能完成，交给乙可能仅需两周时间就能完成，那么老板在用人时首先考虑的就可能是乙而不是甲。

苦干并不等于蛮干，应该善于动脑子想办法，提高工作效率。

二是敬业也要能说会道

有些人只顾埋头工作，工作完成后一交了事，与老板交流很少，自己究竟加了几个班、费了多大劲、流了多少汗水、耽搁了自己多少事等，这些你自己不主动说，同事一般很少会在老板面前提你的情况，你所付出的汗水也就默默无闻地流掉了。

这与牛耕地的情况不一样，老牛的一举一动，每一个步伐都能直接展现在扶犁者的眼前，哪头牛偷懒、哪头牛努力扶犁者会很清楚。

聪明的员工要既会做又会说。有一次，所长安排李刚写一篇关于乡镇企业发展的稿子，李刚马上行动起来，广泛查阅资料，下班时，所长对李刚说：“下班休息，明天再干吧。”

李刚清楚表现的机会来了，就回答所长说：“这篇文章需要很多数字材料，我今晚没事，正好整理一下统计资料。”结果第三天就把初稿交给了所长，所长满意地说：“完成得很及时。”

李刚立刻接过话茬说：“加了几个班，总算拿出

来了。”所长点头：“不错，好好休息休息吧，放你两天假。”李刚实在是很会表现，不仅只用了三天就完成了任务，而且还让上司知道了这一切。

三是服从第一

“恭敬不如从命”，这一古老的至理名言告诫着人们：对老板，服从是第一位的，员工服从老板的领导，是上下级保持正常工作关系的前提，是融洽相处的一种默契，也是老板观察和评价员工的一个尺度。在一些公司里，经常碰到一些纪律松懈、服从意识差的人，他们是老板们最感头疼的“刺头”。这些“刺头”或是身无所长，进取心不强，对老板的吩咐满不在乎，或是自己以为怀才不遇，恃才傲物，无视纪律。不管是事出何因，他们都在老板面前昂起高贵的头，家事、国事、天下事都可在他大脑中“存档”，只有老板的命令不在此列。

这些人表面看来，超凡脱俗，潇洒自在，其实是自己有意识地与老板划出了一条鸿沟，不利于自己的工作进步，也不利于与老板和谐地相处。因此“刺”万万不可长，进取之心万万不可消。

服从也有善于服从、善于表现的问题。细心的人都可能看到过这样一个事实：在公司里，虽然都是服从领导、尊重老板，但每个人在老板心目中的位置却不一样。为什么？

这就在于能否掌握服从的艺术。有的人肯动脑子，

会表现，主动出击，常常让老板满意地感受到他的命令已被圆满地执行，并且成果显著。

但有的人却只把老板的安排当作应付公事，被动应付，不重视信息反馈，甚至“斩而不奏”，结果常常事倍功半。

善于服从、善于表现要掌握好火候。比如当老板交待的任务实在很难，其他同事畏手畏脚时，你要勇于接受任务，来表现你的胆略、勇气及能力。

敬业与服从应该大力提倡。敬业很重要，服从更为重要。我们都知道，在丰收的田野上，农夫有理由让人们记住他挥洒的汗水和辛勤的劳作，这不是虚荣，是实实在在的人生需要。

打入职场的主流群体

主角的位置是舞台的中央。即便你暂时还没有成为主角的幸运，起码也要主动往舞台中央靠拢。

要在职场上取得成功对任何人来说都是不容易的，因为这是一个充满激烈竞争、弱肉强食的残酷世界。在此，我们不谈那么多关于职业发展的走势问题，而告诉你一个令人困惑的职业之谜：如何克服一个个特殊障碍，来达到成功的彼岸。这些障碍通常会成为很大的问题，是因为你作为局外人而引起的，使你与职场上的主流群体完全不同。这些不同可以表现在多方面，如性别、民族、语言、年龄等。

人生如戏，毕竟舞台上的主角就那么一两个，大多是配角，甚至是临时演员。尽管你在很多企业里面要打入主流群体并非易事，但只要努力，你依然有成功的可能。以下推荐四种策略、技巧，有助于实现你的目标。

一是建立自己的关系网

结交朋友，建立社交圈，寻求前辈的指导，争取

同级的支持，对每个人来说都是基本的职业技巧。如果你是一个局外人，这些就尤为重要。

成功的局外人都认为，要想让主流群体的人们能和你和睦相处，首先你必须放下架子，但又不可卑躬屈膝、唯唯诺诺。你要不失自身风格而充满自信地参与社会活动，让他们对你表示友好，与你畅谈，甚至为你穿针引线，认识更多的主流人物，壮大自己的人际关系。

二是积极进取，塑造自我

你必须拥有成功的交际技巧和专业知识，这一切是你受聘的原因。但是，如果你还不是企业主流群体中的一名成员，你就得具备一些其他的素质。

如边准备、边思考、边行动。了解你所在领域内的最新潮流，做信息的第一接收者，默默地做好充足准备，同时想办法做好你目前的工作或你希望做的工作；敢于冒险，勇于决策；你必须清楚知道，世界上没有风平浪静的大海，同样也不存在无任何风险的事业；成败只在瞬间的把握，抓住机会，到公司直接相关的第一线工作；清楚你的文化背景所具有的力量，弱项需加强，强项则令其更强；要有敏锐的竞争意识，打造自身竞争优势，让自己逐步站上舞台，发展实力。

三是善于表现自己，赢得注意力

让公司知道你可以做什么，不要过于迷信“金子闪光说”，也不要埋怨上天不赐予你“千里马与伯乐相遇”的奇缘，机会在更多时候由自己创造。因此，即使你是一个成就非凡的人，你也不要指望被别人发现或者认识。为了取得进展，你得主动出击，让人们知道你是谁，你做了些什么。

沉默寡言，信奉权威，害怕“出人头地”，这样便与主流群体无法和谐相处。如果你想使自己更引人注目的话，那么，上述这些就是你必须克服的文化障碍、心理障碍和性格障碍。

四是用语言打动别人

一句话说得别人笑，一句话讲得别人跳，所以福从口来，祸从口出。讲话要有技巧、有艺术，这就是口才。

一鸣惊人，使你求职顺利；神思妙语，助你事业成功。口才是一种语言能力，也是智慧的高度展现。

一个有前途的员工，除了要具备能力和责任心之外，懂得如何适时在公众场合发表意见也是很重要的，只知道埋头苦干是有可能被忽略的。磨利你的牙锋，也许能在重要时刻发挥事半功倍的作用。以下是几点最有效表达意见的秘诀：

①开会时尽量选择靠会议桌中间的位子，千万不要孤零零地坐在别人看不到的边缘地带。

②切勿到会议接近尾声时才说话，那时候大家都已意兴阑珊，根本没有人会留意你的意见。

③发言时切记把握重点，不要说些拉拉杂杂不相

干的琐事。只要你言之有物，别人绝对不会忽略你。

④尽量避免使用模棱两可的措辞，比如“这样可能不太对”“也许……”“可是……”等。

与别人达成默契

由兴趣而至情谊，由情谊而至默契，办起事来当然驾轻就熟，游刃有余。

人生在世，总要办各种各样的事，人的一生也即是办事的一生。谋利的过程也即办事的过程，事办成了，就能谋得某种利益。因此，要想谋利，就得先学会办事，就得有让别人乐意为你办事的本事。

办事需要别人的帮助与合作，再倔犟的人只要有利益牵扯，也会怦然心动。因此，要想达到自己的目的，就必须刺激起对方的欲望，暗示只要能办成事，利益就在后头，并不时给些甜头，让人相信你所说的并非是空话。求对方帮忙时，因为对方要付出一定的辛劳和精力，你就得付出一定的报酬。具体付给多少，最好不要过早讲出来，也不要讲得那么具体。既然你可以求对方帮忙，说明双方关系还可以，尽管对方心里也想过报酬的事，但你率直地讲出来，他会认为你太不义气了。再说，事情还没开始做，究竟应付多少报酬也说不太准确，谁能事前了解这件事做起来的难度？说得少，对方会认为不值一干，不愿多花精力；

说得太多，当发现能轻易完成，又会后悔不该给这么多，给的时候你会舍不得往外拿，对方也会认为你不讲信用。

假如事前把数额说得太具体，对方没办成，会产生一种损失感，好像失去了什么似的。如果事前没具体允诺，他就不会有这样的感觉了。

当然，闭口不提报酬也不行，所以一定要让对方知道将有相应的报酬，而且让他感觉出将要给的报酬的大概数目。这个数目不应是具体的，而是一种双方之间的默契，或者他可以根据你的某种暗示进行猜测，这样就有利于双方的配合。

一个重要的技巧，就是要千方百计吊对方的胃口，一开始要出手大方一些。

另一个重要的技巧就是利用彼此共同的兴趣，使所求之事尽量达到心灵默契。

每一个人都有某个方面的兴趣，利用这种兴趣，常常可以在彼此之间建立超常的关系。可是有许多人对他的业务以外的某种事情，比对他们的本业更有兴趣。通常一个人所做的工作，不是出于自愿，而是为了谋生。但在业余时间，他所关心的事情则是他自己所选择的。换句话说，他最感兴趣的是在他的办公室之外。因此，从业务范围之外与别人接近，比在业务上与他联系更容易，更有效果。

欲与别人的特殊兴趣建立一种默契关系，你必须

记住，应当把你的真实兴趣表现出来，单单说一句很感兴趣的话是不够的。在对方的询问下，如果你不能掩饰你缺乏真正的兴趣，就会弄巧成拙。

问题在于你怎么能使他人了解你在某件事情上真的和他有同样的兴趣。因此，你必须在这方面具有相当的知识，足以证明你对这方面是有过深入研究的。

越是值得你与他接近的人，你就越应该努力对他所感兴趣的事情作进一步的深入了解，让你能够充分应付他，让他乐意提供你所想得到的帮助。

用这种方法去接近别人时，必须懂得诚恳的价值。如果你说你的嗜好和别人相同，不过是一句假话，那么不久你的假话便会给人看穿。

一旦你与对方由于有共同的兴趣而达成了心灵的默契，你在运用暗示时就会非常有效，比如具体的报酬数量，你不用明说，对方也会心领神会，办起事来当然驾轻就熟、游刃有余了。

把人的心理研究透

有人夸张地说，如果谁能把魔鬼的心思琢磨透，谁就能从魔鬼那里得到好处。

揣摩对方的心理办事，通过对方无意中显现出的态度、性格，去了解这个人的心理，有时能捕捉到比语言表露得更真实、更微妙的内心想法。

办事之前，通过观察把握住对方的心理，理解他的微妙变化，有利于我们把握事态的进展。

好多年前，伊斯特曼在洛加斯达城捐造“伊斯特曼”音乐学校及“凯伯恩”剧院用以纪念他的母亲。纽约某座椅制造公司的经理艾特森，想谋取该剧院座椅的合同，于是他就和伊斯特曼约定见面。

艾特森到了那里，一位工程师对他说道：“我明白你是想得到座椅的合同，但是我要告诉你，伊斯特曼的工作很忙，你若是打搅他的时间超过5分钟，便不会有好处。他的脾气很大，事情很多，所以我劝你说明你的来意后就赶快出来。”艾特森也准备那样做。

他被引进总裁办公室时，看见伊斯特曼正埋头于桌上堆积的文件之中。伊斯特曼听见有人进来，抬起

头，取下眼镜，向工程师及艾特森走来的方向说道："早安，先生，我可以帮你做点什么?"

艾特森忽然打算改变原来想好的思路，用别的方法试试看。

艾特森像

工程师介绍了之后，艾特森便说道："伊斯特曼先生，当我在外边等着见你的时候，我很羡慕你的办公室。假如我有这样的办公室，我一定也会很高兴地在里面工作。你知道，我是一个本分的商人，从来不曾见过这么漂亮的办公室。"伊斯特曼答道："你使我想起一件几乎忘记了的事，这房子很漂亮是不是?当初才盖好的时候我极喜爱它，但是现在，因为有许多事忙得我甚至几个星期坐在这里也无暇看它一眼。"

艾特森走过去用手摸摸壁板，说道："这是英国橡木做的，不对吗?和意大利橡木稍有不同。"

伊斯特曼答道："对了，那是从英国运来的橡木。

我的一个朋友懂得木料的好坏，他为我挑选的。”随后伊斯特曼领艾特森参观当初自己帮助设计的房间配置、油漆颜色及雕刻工艺等。

当他们夸奖完木工后，伊斯特曼走到窗前停下脚步，亲切地表明要捐助洛加斯达大学及市立医院等机关一些钱，以尽点心意，艾特森热诚地称许他这种慈善义举的古道热肠。伊斯特曼随后又走过去打开一个玻璃匣，取出他从前买的第一架摄影机——这是从一位英国发明人手中买来的。

艾特森又问他当初是怎样开始在商业上奋斗的，伊斯特曼很感慨地述说起他幼年的困苦。

艾特森从上午十点一刻走进伊斯特曼的办公室，尽管那位工程师曾警告他最多只能停留 5 分钟，但是两个小时过去了，他们还在滔滔不绝地谈着。

最后，伊斯特曼对艾特森说：“上次我去日本，在那里买了几张椅子回来，我把它们放在阳台上，日子一久阳光就把漆给晒褪了。我就自己动手油漆那椅子，你想看看我自己油漆的成绩吗？好极了！就同我到楼下去吃中饭吧，我给你看看。”

饭后，伊斯特曼把从日本带回来的椅子指给艾特森看。那椅子每把不过 1.5 美元，虽然伊斯特曼富有千万，但对那几把椅子却异常满意，因为那是他自己动手油漆的。

凯伯恩剧院的座椅定货价共计 9 万美元，你猜是

谁得到了合同？

以艾特森的方式去谋职，能不要风得风，要雨得雨吗？

谋位先谋人

任何组织都是一个状如金字塔型的层级结构。职位越高，拥权越重。“人往高处走，水往低处流”，按照彼得原理的说法，一个人在职场上总是力图爬到他力所不逮的位置上。但向上爬必须有人给竖梯子扶持才行，即所谓“朝中有人好做官”。但通常情况下，绝大多数人却都自感“朝中无人”似的，其实呢，“朝中人”也是人谋和人为的结果。俗话说“谋事在人”“事在人为”，只要你“为”到了“谋”到了，你便会从“朝中无人”转而变为“朝中有人”了！“朝中人”也是人，也有七情六欲，共食人间烟火，只要我们在才德方面修炼到家了，我们就有资格去高攀这些人，结识这些人，让他们成为我们前进的助力，成为我们步步高升的阶梯。

做一个聪明的下属

> 既要做领导的“自己人”，也要做个聪明的下属，知道应该了解什么、做什么、说什么；也知道不能了解什么，不能做什么、说什么。

在工作单位里，领导的好恶有时会决定一个人一生的命运，和领导搞不好关系，就失去了许多机会，只要成为领导信得过的自己人，得到器重，当然就能谋得好职位了。

首先，要成为领导的“自己人”

上级对下级最看重的一条就是是否对自己忠心耿耿，下属的忠诚对领导来说非常重要。比如一些单位的司机都是领导的“自己人”，如果不是自己人，一些在车上的谈话、外出办的一些私事被说出去，会造成影响。因此，要成为领导的自己人，就要经常用行动或语言来表示你信赖、敬重他。领导在工作中出现失误，千万不要持幸灾乐祸或冷眼旁观的态度，这会令他极为寒心。能担责任就担责任，不能担责任就帮他分析原因，为其开脱。此外，还要帮他总结教训，

多加劝慰。

持指责、嘲讽的态度更易把关系搞僵，矛盾激化。那样，你就再不要指望领导喜欢和器重你了。

其次，要做精明强干的人

领导是一个单位的头，单位工作的好坏直接关系到领导的政绩。因此，工作能力强弱是对下级的一个重要评判标准。

上级一般都很赏识聪明、机灵、有头脑、有创造性的下属，这样的人往往能出色地完成任务。有能力做好本职工作是使领导满意的前提，一旦被人认为是无能无识之辈，既愚蠢又懒惰，便很危险了。

我们在完成工作之后，要学会把功劳让给领导。好的东西，每一个人都喜欢，越是好的东西，越是舍不得给别人，这是人之常情。要是你有远大的抱负，就不要斤斤计较成绩的获得你究竟占有多少份，而应大大方方地把功劳让给你身边的人，特别是让给你的上级。这样，做成一件事，不仅你感到喜悦，上级脸上也光彩，以后，少不了再给你更多的建功立业的机会。如果只会打眼前的算盘，急功近利，将来就一定会吃亏。

再次，要学会表现自己

常言道，疾风知劲草，烈火炼真金。在关键时刻，领导会真切地认识与了解下属。人生难得机遇，不要错过表现自己的极好机会。当某项工作陷入困境之时，

你若能大显身手，定会让领导格外器重你。当领导本人在思想、感情或生活上出现矛盾时，你若能妙语劝慰，也会令其格外感激。此时，切忌变成一块木头，呆头呆脑，冷漠无情，畏首畏尾，胆怯懦弱。这样，领导便会认为你是一个无知无识、无情无能的平庸之辈。

但需要注意的是，让功一事不能在外面或同事中张扬，否则不如不让的好。对于让功的事儿，让功者本人是不适合宣传的，自我宣传总有些邀功请赏、不尊重上司的味道，千万使不得。你让功的事儿只能由别人来宣传，虽然这样做有点埋没了你的才华，但你的同事和上司总会一有机会就设法还你这笔人情债，给你一份奖励的。因此，做善事就要做到底，不要让人觉得你让功是虚伪的。

复次，要学会交谈

赞扬不等于奉承，欣赏不等于谄媚。赞扬与欣赏领导的某个特点，意味着肯定这个特点。只要是优点、是长处，对集体有利，你可毫无顾忌地表示你的赞美之情。领导也需要从别人的评价中了解自己的成就以及在别人心目中的地位。当受到称赞时，他的自尊心会得到满足，并对称赞者产生好感。你的聪明才智需要得到赏识，但在他面前故意显示自己，则不免有做作之嫌。领导会因此认为你是一个自大狂，恃才傲慢，盛气凌人，而在心理上觉得难以相处，彼此间缺乏一

种默契。

最后，要与领导保持一定距离

一般领导不愿跟下属关系过于密切，主要是顾忌别人的议论和看法，再就是怕会影响他在你心目中的威信。

同时，任何领导在工作中都要讲究方法，讲究艺术，讲究一些步骤和手段，如果你把这一切都知道得一清二楚，就可能会失败。

你应去了解上级在工作中的性格、作风和习惯，但对他个人生活中的某些习惯和特色则不必过多了解。要了解领导的主要意图和主张，但不要事无巨细，了解他每一个行动步骤和方法措施的意图是什么。他是上级，你是下级，他当然有许多事情要向你保密，有一部分事情你只应是知其然而不知其所以然。所以，千万不要成为你的领导的“显微镜”和“跟屁虫”。

和领导保持一定的距离，还有一点需要注意的，就是要注意时间、场合、地点。有时在私下可谈得多一些，但在公开场合、在工作接触中，就应有所避讳，有所收敛。

要接受他对你的所有批评，可是也应有自己的独立见解；倾听他的所有意见，可是发表自己的意见就要有所选择。

善于领会上司意图

你总是能够及时而准确地领会上司意图，上司定然会对你刮目相看。这对你谋职位的意愿来讲，原来存在的障碍和问题自会迎刃而解了。

善于领会领导意图也是一个下属具有良好表现的重要方面。这样，不仅可展示你的才干和机智，也能给领导开展工作带来方便，最终必会使你得到领导的赏识和重用。

曾国藩像

李续宾是曾国藩手下的爱将。一天，曾国藩召集众将开会，谈到当时的军事形势时说："诸位都知道，洪秀全是从长江上游东下而占据江宁的，故江宁上游乃其气运之所在。现在湖北、江西均为我收复，仅存皖省，若皖省克复……”这时，曾国藩猛地一顿，颇有深意地扫了众将一眼，似乎在等待众将的答复。

曾国藩话未说完，李续宾便已明白了曾国藩的意图，趁势插口道：“藩帅的意思是要我们进兵安徽?”“对!”曾国藩以赞赏的目光看了李续宾一眼，“续宾说得对，看来你平日对此已有思考。为将者，踏营攻寨计算路程尚在其次，重要的是要胸有全局，规划宏远，这才是大将之才。续宾在这点上，比诸位要略胜一筹。”就这样，李续宾凭其适时的巧妙表现，赢得了曾国藩的欣赏和高度赞扬。

有些时候，上司的某些包括工作在内的意图并不能够告诉下属，这时，准确地领会上司意图就显得非常重要，也非常必要，否则你就没法行动。

而真正领会上司意图却并非易事，需要你对上司意图的了解、揣摩，更需要你有很高的悟性。而且你总是能够及时而准确地领会上司意图，上司定然会对你刮目相看，这对你谋取职位的意愿来讲，原来存在的障碍和问题自会迎刃而解了。

关键是会“劝谏”

直言强谏虽然是忠心耿耿，却容易伤害上司的自尊心；既劝谏有效，又不让人丢面子，乃是劝谏高手的本事。

领导在看待和处理问题时，出于种种原因，有时也会有不当之举，容易导致工作的失误或者因小失大危及全局。此时，正是下属表忠心、献良策、取得领导信任的最佳时机。作为下属，这一良机万万不可错过，因为此时寥寥数语就可能使领导迷途知返，并将你视为忠臣知己，在内心的功劳簿上为你记上一笔。

有一次，局里召集各科室的负责人开会，准备安排下一阶段的工作任务。在会议开始的汇报中，有一位科长说到自己责任心不强，几项交办的工作没做好，还捅了娄子，结果导致局长，发了一通脾气，使会议气氛十分紧张。

秘书小王看到会场气氛十分尴尬，便建议先休息十分钟。在休息的间歇，秘书小王递了一个纸条给局长，上面写着：“刘局长，会前你曾说过，这个会议的主要议题是布置工作，动员干部。刚才的会议气氛有点儿紧张，不利于这次会议的顺利进行，建议有些问题应专门开会或会后解决。”

复会后，小王发现刘局长已恢复正常，并把会议引导到了正常的议程上，结果会议比较圆满地结束了。

会后，当只剩下局长和小王两个人的时候，刘局长笑着拍拍小王的肩膀说：“小王啊，多谢你的‘清凉剂’呀!”

此后，小王与刘局长结成了非常好的工作友谊，小王越来越受局长的赏识了，时间不长就获得了提拔。

春秋时候，齐景公放荡无度，喜欢玩鸟打猎，并派专人烛邹来专管看鸟。一天，鸟全飞跑了，齐景公大怒，要下令斩杀烛邹。烛邹看鸟失职，虽然有罪，但罪不当死。同时，若处死烛邹，也会大大有损齐景公的形象。见此情景，大臣们不由得暗暗着急，却又想不出什么好办法来加以规劝。

大臣晏子听说了这件事，急急忙忙赶到宫中。他看到齐景公正在气头上，怒不可遏，便请求齐景公允许他在众人之前尽数烛邹的罪状，好让他死个明白，以服众人之心。齐景公答应了。于是，晏子便对烛邹怒目而视，大声地训斥道：

“烛邹，你为君王管鸟，却把鸟丢了，这是你第一大罪状；你使君王为了几只鸟而杀人，这是你第二大罪状；你使诸侯听了这件事，责备大王重鸟轻人，这是第三大罪状。以此三罪你是死有余辜。”

说罢，晏子请求齐景公把烛邹杀掉。此时，齐景公早已听明白了其中的意思，转怒为愧，挥手说："不杀！不杀！我已明白你的指教了。"

此后，齐景公对晏子更加敬重和依赖了。

过于直接的批评方式会使领导自尊心受损，大跌颜面。因为这种方式使问题与问题、人与人面对面地碰到了一起，除了正视彼此以外，已没有任何的回旋余地。而且，这种方式是最容易形成心理上的不安全感和对立情绪的。你的反对意见犹如兵临城下，直指上级的观点或方案，怎么会使领导不感到难堪呢？特别是在众人面前，领导面对这种已形成挑战之势的意见，已是别无选择，他只有痛击你，把你打败，才能维护自己的尊严和权威。而问题的合理性与否，早就被抛至九霄云外了，谁还有空去追究、探索其中的道理呢？

而用迂回的方法则能很容易地使你摆脱其中的各种利害关系，淡化矛盾或转移焦点，从而减少领导对你的敌意。在心绪正常的情况下，理智占了上风，他自然会认真地考虑你的意见，不至于先入为主地将你的意见一棒子打死。当然，你的心思是不会白费的。

机会青睐有准备的头脑

要有充分的自信和准备，在应急事件中当机立断，当仁不让，就不仅能平息事态，还能表现出自己的高超才能。

生活和工作中，往往会遇到一些应急事件，需要当机立断，立马处理。如果你赶上了，又及时而恰当地进行处理，就不仅是平息了事态，而且也表现出自己高超的才能。这当然是一个绝好的机会，但需要你平时有充分的准备。

安德烈·卡耐基是美国宾夕法尼亚州一个火车调车场的电信技工。一天早上，调车场的线路因为偶发的事故陷于混乱。

此时，他的上司还没上班，该怎么办？他并没有“当列车的通行受到阻碍时，应立即处理引起的混乱”这种权力。如果他胆大包天地发出命令，轻则可能会卷铺盖走路，重则可能锒铛入狱。一般人可能说：“这并不干我的事，何必自惹麻烦？”可是卡耐基并不是平庸之辈，他并未畏缩旁观。

他私自下了一道命令，在文件上签了上司的名字。

当上司来到办公室时，线路已经整理得同从来没有发生过事故一般。这个见机行事的青年因为露了漂亮的一手，大受上司的称赞。

公司总裁听了报告，立即调他到总公司，升他数级，并委以重任。从此以后，卡耐基就扶摇直上，谁也挡不住了。

卡耐基事后回忆说：

“初进公司的青年职员能够跟决策阶层的大人物有私人的接触，成功的战争就算是打胜了一半——当你做了分外的事，而且战果辉煌，不被破格提拔，那才是怪事！”

“智者千虑，必有一失；愚者千虑，必有一得”，当你发现领导的决议有问题时，若按此办将来可能会出大娄子，就应该鼓足勇气提出来。要知道，你可能穷尽毕生努力，也不会得到别人的赏识，而抓住这一机会，就可能把你的能力和价值展现给同事和领导。倘若意见未被采纳，人们更会在后来的失败中回忆起你的表现，赞叹你的英明。

请务必谨记，看准了就说，千万不要顾忌面子。如果在这时你还想“我说出来大家会难堪的”，那么说明你是一个注定没有什么作为的人。

我们常常会不期而遇一些在身份、才识、经验、能力等各方面比我们高出一筹的人，在这种情况下，往往会有些人因此而自卑，因为自己不如别人而对对

方产生一种心理上的畏惧感，从而自信心便大打折扣。自信是成功的基石，如果一个人连自信都失去了，那么他要想获得成功，恐怕只能是幻想。一个人不论处于什么环境之下，只要不丢失自信，就会有成功的希望。

智者见事于未萌

谋位先谋人。谋对人，其人能成大事，跟随拥戴之人自能建功立业，又何愁没有好位置呢？

谋位先谋人，所谋非人，位从何来？这就需要一双慧眼，在众多人物中找对英雄。谋对人，其人才能成大事，跟随拥戴之人自能建功立业，又何愁没有好位置呢？

邓禹是汉武帝刘秀的开国元勋之一。邓禹早年在京师游学时，看出同在京师游学的刘秀不是凡夫俗子，便主动和他交往，两人关系十分密切。数年后，邓禹离京回家。

王莽地皇四年，农民起义军新市、平林诸将立西汉宗室刘玄为帝，又打出汉朝旗号，年号“更始”，定都洛阳。豪杰听说邓禹才气横溢，多次把他推荐给刘玄。邓禹敏锐地觉察出更始政权内部的矛盾，知道刘玄难成大事，就婉言谢绝了举荐者的好意。

这年冬天，刘玄派刘秀以大司马的名义，带领少数人马，到河北去安抚郡县。

邓禹听到刘秀安抚河北的消息，就去追赶刘秀，一直追到部城才追上。刘秀问邓禹：“老朋友远道跑来见我，有什么要事吗？我现在掌有封官授职大权，想必要求个一官半职吧？”

邓禹说：“此非所愿。”

刘秀问：“所愿何为？”

邓禹笑着说：“但愿明公您威德加于四海，我能效尺寸之功，垂名于青史。”

刘秀心领神会，知道邓禹意在劝他成帝王之大业。到了晚上，刘秀留邓禹在一间房里睡，避开闲杂人等，两人开怀畅谈。

邓禹先分析了天下形势，然后向刘秀进献中兴汉室之策：“眼下更始政权虽然定都关西，然而关东尚未安宁。赤眉、青犊等起义军成千上万，各占地盘；三辅地区民众群起，假号称雄。更始帝刘玄庸碌无为，自己没有主见。他手下的将领也都是庸人，贪图财富，争权夺利，只图眼前享乐，缺乏忠良明智、深谋远虑的能人贤士，都不是尊重王室、安抚百姓的人。如今四方分崩离析，形势显而易见。您即使帮助更始政权建下藩辅之功，恐怕也难建立像高祖那样的事业，拯救万民的生命。凭明公的德才图谋天下，一定可以平定。”

邓禹对政治、军事形势的正确分析和推心置腹的建议，坚定了刘秀创立帝王大业的信心。次日，刘秀

便令左右称邓禹为邓将军。刘秀经常把邓禹留在身边，跟他住在一起，有事就同他商量。

邓禹杖策追赶刘秀，进献兴复汉室之谋，东汉中兴名臣皆不能及。所以邓禹虽然智不及张良、陈平，勇不及韩信、彭越，但后人推其为东汉功臣之首，皆因其首创大谋。

可见，谋对人是何等重要！古有“良禽择木而栖，贤臣择主而侍”之警语，实乃谋位先谋人的经典之论。

善于抓住“靠山”

“靠山”乃谋位的关键依托，牢牢抓住“靠山”，就会让自己的人生事业云帆高挂，直济沧海。

谋位不仅要善于寻找“靠山”，而且要善于抓住“靠山”。一个好“靠山”可以成为你的终身依托，从而乘风破浪，直上青云。

耶律楚材是元朝的三朝元老，政坛不倒翁，依靠其睿智的谋略牢牢把握靠山，终于建立非凡功业，成为千古名臣。

耶律楚材生于金章宗明昌元年（1190）在金朝中都燕京（今北京）的一个世宦人家。成吉思汗十三年(1218)，机会终于来了，成吉思汗既定燕地，他逐渐感到人才的重要。这时，他听说了耶律楚材是位难得的人才，而且又是被金国所灭、与金国有世仇的原辽国宗室后裔，便遣人求之，询问治国大计。

成吉思汗西征出师的这一天，虽时值夏六月，却忽然狂风骤起，黑云密布，转瞬间大雪飘飘。成吉思汗有些疑虑，不知此为何兆。于是，立即把耶律楚材

召至帐前，卜问吉凶。耶律楚材绝非是庸俗的阴阳先生，他具有相当高的科学水平，他了解日月星辰运行规则，可以测知月蚀之期，能够修订历法。此刻，他没有简单地按大自然的规律去解释天象，而是以一位精明的政治谋略家的思维，把对这天象的解释添加上政治内容。他巧妙地利用包括成吉思汗在内的蒙古将士对天文、星象知识了解得很肤浅，又非常迷信的心理，以及蒙古军人对花剌子模国的行为义愤填膺、誓死雪耻的军心，毅然断言："隆冬肃杀之气见于盛夏，这正是我主奉天申讨、克敌制胜的好兆头。"成吉思汗盼的就是这种吉相。于是，发十万大军，离开也儿的失河（今额尔齐斯河），奔西南越过天山，向花剌子模国杀去。1222 年，蒙古军占领了整个花剌子模国和中亚，可谓兵锋西指，所向披靡。

此次西征大胜，成吉思汗认为与耶律楚材的卜吉有关系。从此，凡他出战，总是必须有耶律楚材随侍身旁，预测吉凶成败，参赞军政大事。耶律楚材也正是利用这种机会，利用成吉思汗头脑尚愚昧的这一特点，"胡言乱语""俘虏"了成吉思汗这一大靠山。

成吉思汗这个十分勇悍的"一代天骄"，只知武，不懂文，但随着领土的不断扩大，光靠武力是不行的。耶律楚材与时俱进，不失时机地利用每一个"舞文弄墨"的机会，向君主灌输创治天下绝不可藐视文士作用的道理，不断抓牢靠山。成吉思汗内心折服，此后，

他便常对其子窝阔台说："此人（指楚材）是天赐我家，尔后军国庶政，当悉委他处置。"

成吉思汗像

在进军花剌子模国过程中，耶律楚材曾力主并主持在塔剌思城（在西辽都城虎思斡鲁朵西）屯田。这个地方是中西交通的要道，且土地肥饶，经济繁荣。这一恢复发展后方的社会经济之举，对于只知道打仗、掠夺财富的蒙古军事贵族来说，从军事活动转变到恢复发展社会经济，意义重大，蒙古军也正是以此为基地继续西进的。这也反映了耶律楚材投其所需、与时俱进的靠山之道。

耶律楚材辅佐成吉思汗、拖雷和窝阔台三朝，长达三十余年，一直是君臣相得。耶律楚材从政治国有一句名言："兴一利不如除一害，生一事不如省一事。"事无巨细，只要于国于民有利，他都运用自己

的智慧和谋略，力争得以实现。耶律楚材的成功，一方面归功于他的杰出才干，另一方面与他善识时务、稳抓靠山有关系。

自矜其能莫如推功于上

能做到推功于上，显然是一个聪明的下属，当然会赢得上司的欢心，为谋位道路铺满阳光与鲜花。

上司一般都有个毛病：既然你是我的部下，那么你所做的任何努力，他都容易视为自己的“努力”。

龚遂是汉宣帝时代一名贤良能干的官吏。当时渤海一带灾害连年，百姓不堪忍受饥饿，纷纷聚众造反。当地官员镇压无效，束手无策，汉宣帝便派龚遂去任渤海太守。

汉宣帝像

龚遂单车简从赴任，安抚百姓，鼓励农民垦田种桑，规定农家每人种一株榆树、一百棵茭白、五十棵葱、一畦韭菜，养两口母猪、五只鸡。对于那些心存戒备，依然带剑的人，他劝喻道：

“干吗不把剑卖了去买头牛？”经过龚遂几年的治理，渤海一带社会安定，百姓安居乐业，温饱有余。龚遂名声大振，于是，汉宣帝召他还朝。他有一个属吏王先生请求随他一同去长安，说：“我对你会有好处的。”其他属吏却不同意，说：“这个人，一天到晚喝得醉醺醺的，又好说大话，还是别带他去为好。”龚遂说：“他想去就让他去吧。”

到了长安后，这位王先生终日还是沉溺在醉乡之中，也不去见龚遂。可有一天，当他听说皇帝要召见龚遂时，便对看门人说：“去将我的主人叫到我的住处来，我有话要对他说！”

对这位一副醉汉狂徒嘴脸的王先生，龚遂也不计较，还真来了。王先生问：“天子如果问大人如何治理渤海，大人当如何回答？”

龚遂说：“我就说任用贤才，使人各尽其能，严格执法，赏罚分明。”

王先生连连摆手道：“不好，不好！这么说岂不是自夸其功吗？请大人这么回答：‘这不是小臣的功劳，而是天子的神灵威武所感化！’”

龚遂接受了他的建议，按他的话回答了汉宣帝，汉宣帝果然十分高兴，便将龚遂留在身边，任以显要而又轻闲的官职。

而在汉朝建立过程中立过汗马功劳的韩信却不是这样，他自伐其功，自矜其能。凡是这种人，十个有

九个要遭到猜忌而没有好下场。当年刘邦曾经问韩信："你看我能带多少兵？"韩信说："陛下带兵最多也不能超过十万。"刘邦又问："那么你呢？"韩信说："我是多多益善。"这样的回答，刘邦怎么能不耿耿于怀？

韩信像

喜好虚荣，爱听奉承话，这是人类天性的弱点。一个聪明的下属如果能很好地把握这一点，当然会赢得上司的欢心，为谋位道路铺满阳光和鲜花。

宽容乃待人之本

小不忍则乱大谋。人人都不愿当受气包，发泄一下不快乃情理中事，但为了这眼前的痛快却很可能断送了自己的前程。

有人说宽容是做人之本，其实宽容也是谋人之本。应该判断矛盾的大小和性质，如果是一些鸡毛蒜皮、不痛不痒的小事，就需要以一颗宽容的心来对待这些矛盾。“小不忍则乱大谋”，人人都不愿当受气包，发泄一下不快乃情理之中的事，但也不可为了这眼前的痛快而断送了自己的前程。如果忍一忍，可能会因此而得个有度量的美名。

汉武帝像

有一年，汉武帝派卫青出兵定襄，其部将苏健、赵信共率三千多骑兵，个个具有非凡本领。一日，这二位部将突然与单于的部队正面遭遇，经过一日激战，三千多骑兵几乎全

部战死，赵信也投降了单于，只有苏健只身逃回汉营。

一时间议论纷传，都道苏健必死无疑，更有议郎周霸对卫青进言道：“自从大将军出兵以来，还未曾斩过部将。今天苏健损失了这么多人马，还一个人逃了回来，以卑职愚见，应将其斩首示众，昭示全军，以显示将军的威严和治军有方。”

但军中有一个长史却竭力加以劝阻，他说：“万不可如此做！想苏健以数千人马抵抗数万敌军的围攻，奋力苦战一天，士卒悉数战死，他仍不敢有二心，可见其忠诚。如今他死里逃生，拼死逃回营中，如果反而被斩，这无异于告诉众人，今后如打败仗，千万别跑回来，干脆投降敌人。所以万不可杀他。”

卫青听了这番陈述，心中深以为然，于是说道：“我卫青将真心诚意地待他，让他留在军中，我不怕因此而失去威望。周霸劝我斩杀部将来显示威仪，这根本就不符合我的心愿。再者，虽然大将军有权斩杀部将，但以我之被皇上宠幸，也不该在城外擅自诛杀部将。将他送往皇上那里去，让皇上自己亲自发落他吧！这样形成大臣不敢专权的局面，不是更好吗？”

卫青像

左右的人听了这番话，深为卫青的深明大义和忠

诚所感服，更加钦佩卫青的为人和仁慈，莫不肃然以对。

于是，卫青将苏健囚禁起来送到汉武帝那里，汉武帝果然不久就赦免了他的罪。

一位宽厚仁慈的领导同时也是一位懂得治政与治人之术的统帅。

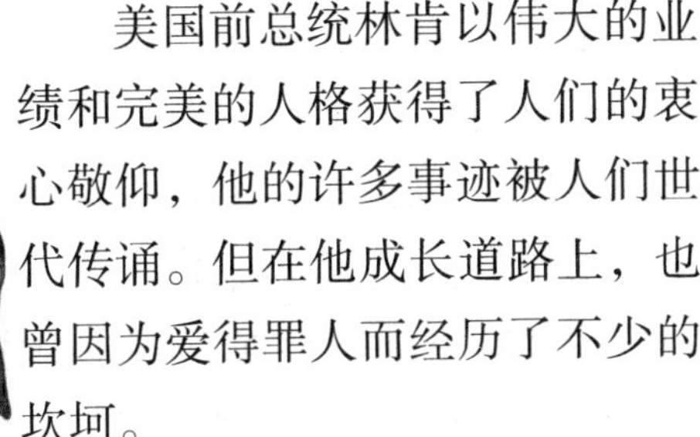

林肯雕像

美国前总统林肯以伟大的业绩和完美的人格获得了人们的衷心敬仰，他的许多事迹被人们世代传诵。但在他成长道路上，也曾因为爱得罪人而经历了不少的坎坷。

林肯年轻时住在印第安那州的一个小镇上，他不仅专找别人的缺点，也爱写信嘲弄别人，并且故意把信丢在路旁，让人拾起来看，这使得厌恶他的人越来越多。

后来他到了春田市当了律师，仍然不时在报上发表文章为难他的反对者。有一回做得太过分了，把自己逼入困境。

1942 年秋天，林肯为嘲笑一位虚荣心很强又自大好斗的爱尔兰籍政治家希尔斯。他匿名写的讽刺文章在春田市报纸上公开以后，市民们引为笑谈。这更惹得一向好强的希尔斯大发雷霆，打听出作者的姓名后，立刻骑马赶到林肯的住处，要求决斗。林肯虽然不赞

成，却也无法拒绝。身高手长的林肯选择了骑马用剑，请求陆军学校毕业的学生教授剑法，以应付帕西比河沙滩的决斗。后来在双方监护人的调解下，决斗风波才告平息。

这件事给了林肯一个很深的教训，他认识到批评别人、斥责别人甚至诽谤别人的事，就连最愚蠢的人都会做。而一个具有优秀品质并能克己的人，常常是扬弃恶意而富有爱心的人。林肯从此改变了自己对人刻薄的做法，以博大的胸怀赢得了民心。林肯的教训及成功是值得我们仔细体会的。

香港巨富胡金辉在介绍他的成长时，曾告诫说：

“社交处世方面，我觉得更重要的一点就是千万不要得罪人！越有地位，越应该不得罪人。”

不可随便结怨

动辄开罪于人，实为胸窄量狭的不智之举。为人应该心胸豁达，宽厚仁慈；做事应该谨小慎微，慎言慎行。如此方能应付裕如，明哲自保。

为人处世尤其是在官场、职场上，应该谨小慎微，慎言慎行，不结怨于他人；同时，亦不要于大意之际给别人留下把柄。苍蝇不叮无缝的蛋，要使别人无隙可乘，方能自保。若不拘小节，细微之处不予留心，千里之堤，溃于蚁穴，必致后患无穷。

吕僧珍是东平郡范县人，其家世居广陵。从南齐时起，吕僧珍便追随萧衍。萧衍为豫州刺史，他任典吏，萧衍任领军，他补为主簿。建武二年，萧衍率师援助义阳抗御北魏，吕僧珍率军前往。萧衍任雍州刺史，吕僧珍为萧衍手下中兵参军，被当作心腹之人。萧衍起兵，吕僧珍被任为前锋大将军，大破萧齐军队，为萧衍立下大功。

吕僧珍因有大功于萧衍，被萧衍恩遇重用，其所受优待，无人可以相比。但其从未自傲、恃宠纵情，而是更加小心谨慎。当值宫禁之中，盛夏也不敢解衣。每次陪伴萧衍，屏气低声，不随意吃桌上的食物。有一次，他喝醉了酒，拿了桌上一个柑橘，萧衍笑着说："真是大有进步了。"拿一个柑橘被认为是大有进步，可见吕僧珍谨慎到什么程度。

吕僧珍因离乡日久，上表请求梁武帝萧衍让他回乡祭扫先人之墓。萧衍为使其衣锦还乡，光宗耀祖，不但准许其还乡，还封他为使持节、平北将军、南兖州刺史，即管理其家乡所在州的最高行政长官。然而，吕僧珍到任后，平心待下，不私亲戚，没有丝毫张狂之举。

吕僧珍的侄儿是个卖葱的，他听说自己的叔叔做了大官，就放下生意，跑到吕僧珍那儿请求谋个官。吕僧珍对他说："我深受国家重恩，还没有做出什么事情以为报效，怎敢以公济私？你们都有自己的事干，岂可妄求他职？你还是好好地卖你的葱吧！"

梁武帝像

吕僧珍的旧宅在市北，前面有督邮官府挡着。乡人都劝吕僧珍把督邮府迁走，以扩建旧宅。吕僧珍说："督邮官府自我家来之前一

直在此地，怎能为扩建吾宅让其搬家呢?”坚辞不肯。吕僧珍有个姐姐，嫁给当地的一姓于的人，住在市西。她家的房子低矮临街，左邻右舍都是做买卖的店铺货摊，一看就是下等人住的地方。但吕僧珍常到姐姐家中做客，丝毫不觉以出入这种地方为耻。

吕僧珍 58 岁时病死，梁武帝萧衍下诏予以隆礼表彰，还加谥他为忠敬侯。吕僧珍善有其终，当和其立身谨慎是分不开的。

不要太清高

庸劣低俗固不可取，太过清高也容易招忌。凡事都讲究一个“度”。

古语云：水至清则无鱼，人至察则无徒。这是饱经沧桑的前辈留给后人的一个处世准则。在处理人事关系的问题上，一定要铭记这一点。

明成祖时，广东布政使徐奇进京朝见皇上，顺便带了一些岭南的藤席准备馈赠给朝廷中的官员。不料，京城的巡逻官把这些藤席截获，并将徐奇馈赠礼品的人员名单呈给了明成祖。

明成祖反复看了几遍名单，见其中唯独没有太傅杨士奇的名字，觉得有必要问个究竟，于是立即召见了杨士奇。

杨士奇解释说：“当初徐奇受命赴广东任布政使，临行前众官员都作诗为他送别，所以徐奇这次回京特用藤席回赠。那一次臣正好有病在身，没有赠诗给徐奇，不然的话，我这次也在馈赠之列。今天众官员的名字虽然都在礼单上，但他们不一定会接受徐奇的礼物。再说藤席乃岭南特产，徐奇馈赠藤席只是为了表

达谢意，不会有别的目的。”

明成祖像

杨士奇这番话讲得自然得体，明成祖对他的疑惑打消了，也原谅了徐奇，命人把名单烧了，从此再也没有提过此事。

在封建时代，皇权是至高无上的，“君疑臣必死”。如果杨士奇借此机会炫耀自己的清廉，不仅不会得到赞赏，而且会加重明成祖对他的疑心。杨士奇故意将自己牵扯进来，说明自己与别人没有什么不同，从而赢得了明成祖的信任。更妙的是，杨士奇此举不但挽救了自己，也免除了徐奇的祸事。

刘睦是东汉明帝的堂侄，自幼好学上进，喜好结交有学问的名儒，长大后被封为北海敬王，忠孝仁慈，礼贤下士，深受百姓的爱戴。

有一年岁末，刘睦派一名官员去都城洛阳朝贺。临行前，他问这位官员：“如果皇上问起我现在的情

况，你想怎样回答呢？”

官员不假思索地说：“您德高望重，忠心耿耿，是百姓的再生父母。下官虽然愚鲁，但此区区小事定能向皇上禀报清楚。”

刘睦听后，连连摇头：“你若这样说，就把我给害了。”他见官员一副迷惑不解的样子，又接着说：“你见到皇上之后，就说我自承袭王爵以来，意志衰退，行动懒散，每日只知吃喝玩乐，对正业毫不用心。”

刘睦善于守拙，不想让皇上知道他是一个清高的人。因为在当时，凡有志向的皇室成员，都容易受朝廷的猜忌，弄不好就会招来杀身之祸。

清高和清洁一样，都要守住一个度，否则物极必反。

圆滑的东西从来不会受伤

直言敢谏当然是一种胆量，但不一定能解决问题。尤其是明知无济于事时，还效款款愚忠，实为智者所不取。

人们往往对能够赤胆忠心提意见的人，表示由衷的敬佩。但如果这份赤胆忠心毫无效用，就应该聪明起来，审时度势，该直则直，该曲则曲，甚至该滑则滑，才是保存自己的高明选择。

汉元帝即位后，将著名的学者贡禹请到朝廷，征求他对国家大事的意见。这时，朝廷最大的问题是外戚与宦官专权，正直的大臣难以在朝廷上立足。对此，贡禹不置一词，他可不愿得罪那些权势人物。

想来想去，贡禹只给皇帝提了一条，即请皇帝注意节俭，将宫中众多宫女放掉一批，再少养一点马。其实，汉元帝这个人本来就很节俭，早在贡禹提意见之前已经将许多节俭的措施付诸实施了，其中就包括裁减宫中多余人员及减少御马。贡禹只不过将皇帝已经做过的事情再重复一遍，汉元帝自然乐于接受。于是，汉元帝便博得了“纳谏”的美名，而贡禹也达到

了迎合皇帝的目的。

《资治通鉴》的编著者司马光对贡禹的这种做法很不以为然。他批评说：忠臣服侍君上，应该要求他去解决国家所面临的最困难的问题，其他较容易的问题也就迎刃而解了；应该补救他的缺点，他的优点不用说也会得到发挥。当汉元帝在即位之初，向贡禹征求意见时，他应当先国家之所急，其他问题可以先放一放。就当时的形势而言，皇帝优柔寡断，谗佞之徒专权是国家亟待解决的大问题，对此贡禹一字不提。恭谨节俭是汉元帝的一贯心愿，贡禹却说个没完没了，这算什么？如果贡禹不了解国家的问题，他就算不上什么贤者，如果知而不言，罪过就更大了。

司马光像

司马光的观点当然是堂皇正大之论，但贡禹的所作所为也表现了其老于世故之良苦用心。古代的皇帝

即位之初或某些较为严重的政治关头，时常要下诏求言，让臣下对朝政或他本人提意见，表现出一副弃旧图新、虚心纳谏的样子，其实这大多是一些故作姿态的表面文章。有一些实心眼的大臣却十分认真，便不知轻重地提了一大堆意见，往往会招来嫉恨，埋下祸根，早晚会招来帝王的打击、报复。

但贡禹却十分精明，专拣君上能够解决、愿意解决甚至正在着手解决的问题去提，却回避重大的、急需的、棘手的问题，这样避重就轻，避难从易，避大取小，既迎合了上意，又不得罪人。因为即使直言敢谏，汉文帝也不会有所作为，说明贡禹仕途的技巧已经十分圆滑老道了。

灵活对付小人

君子易处，小人难缠。但有时我们又难以彻底摆脱小人，那就需要时刻谨慎，灵活应付。

俗话说，宁肯得罪十个君子，也不要得罪一个小人。可见小人为害之大。小人每个地方都有，他们无事生非，挑拨离间，兴风作浪，令人讨厌。所以，你的当务之急就是多听多看，认清小人，和小人保持一定的距离，不卑不亢。

提防小人，但不可得罪小人，这是一种保身之道。

常言道：君子不念旧恶。这是对君子的要求，也是君子自己的标准。但事实上真正能做到“不念旧恶”的又能有几人？有的人宰相肚里可撑船，有的人则不然，芝麻大的小事也会记恨在心，难以释怀。在人际交往中，我们常会不自觉地得罪这类心胸狭窄的小人，而且有时得罪了，自己还不知道。这些人不但不忘旧恶，而且会耿耿于怀，一有机会就要加倍报复，“以消心头之恨”。

最好不要疾小人之恶如仇。因为这样做固然足以

显示出你的正义，但在人性丛林里，这并不是保身之道，反而凸显了你的正义感非常不切实际。由于你的正义暴露了这些小人的无耻、不义，为了自保，为了掩饰，他们会对你展开反击，这些反击往往令人防不胜防。也许你不怕他们伺机报复，也许他们也奈何不了你，但你要知道，小人之所以为小人，是因为他们始终在暗处，使用的始终是卑鄙下流的手段，而且不会轻易罢手。别说你不怕他们对你的攻击，看看历史的血迹吧，有几个忠臣抵挡得过奸臣的陷害？

和小人保持距离就行了，不必疾恶如仇地和他们划清界限，毕竟他们也是要面子的！唐朝名将郭子仪不愿开罪于小人的故事就很值得深思。

郭子仪身为国家老臣，是平定安史之乱的卓越将帅。有一次，郭子仪生病了，当朝权臣卢杞前来拜访。此人乃是中国历史上声名狼藉的奸诈小人，相貌丑陋，生就一张铁青脸，脸形宽短，鼻子扁平，两个鼻孔朝天，眼睛小得出奇，时人甚至把他看成是个活鬼。正因为如此，一般的妇女看到他这副尊容都不免要掩面失笑。郭子仪听到门人的报告，马上下令左右姬妾都退到后堂去，他独自凭几等待。卢杞走后，姬妾女侍们又回到病榻前问郭子仪：“许多官员都来探望您的病情，您从来不让我们躲避。可卢中丞来为什么就让我们都躲起来呢？”郭子仪微笑着说：“你们有所不知，这位卢中丞相貌极为丑陋而内心又十分阴险，你

们看到他一定会忍不住发笑的。那么他一定会记恨在心，如果此人将来掌权，我们的家族就要遭殃了。”

郭子仪像

郭子仪不愧有识人之明，他看清了卢杞的阴险面目，虽然位极将相，也不愿得罪他。

那么，该如何妥善处理和小人的关系呢？以下几个原则可以做参考。

一是保持距离。别和小人过度亲近，保持淡淡的同事关系就可以了；但也不要太过疏远，好像不把他们放在眼里似的，否则他们会这样想：“你有什么了不起？”于是你就要倒霉了。

二是小心说话。说些“今天天气很好”的话就可

以了，如果谈了别人的隐私，谈了某人的不是，或是发了某些牢骚不平，那这些话绝对会变成他们兴风作浪和有必要时整你的资料。

三是不要有利益瓜葛。小人常成群结党，霸占利益，形成势力，你千万不要想靠他们来争得利益。因为你一旦得到利益，他们必会要求相应的回报，黏着你不放，想脱身都不可能！

四是吃些小亏无妨。小人有时也会因无心之过而伤害了你，如果是小亏就算了。因为你找他们不但讨不到公道，反而会结下更大的仇。所以，原谅他们吧。

这样就能和小人相安无事了吗？我不敢保证，但相信可以把伤害降到最低。

第四篇

谋名先谋人

名，指的是名誉、名声、名分、名义、名气、名望。孔子曾说：“名不正则言不顺，言不顺则事不成。”可见，名对一个人或一个组织成就事业该是何等重要。名有时可以是身份和地位的象征，有时也可以是人格和才艺的象征。而“名副其实”则是这种象征的最佳境界。但名既然是个宝贝东西，就绝不是靠撞大运撞上的，而是苦心经营和谋划的结果。当然，我们提倡谋名要谋实名，而不要谋虚名，所谓“盛名之下，其实难负”说的就是“有名无实”之士，所以，欲谋其名者当先谋其功，有其功者方可有其名，所谓“功成名就”说的就是这个道理。

名誉是一个人的商标

从某种意义上说，人也是商品，而名誉就是一个人的商标，品格则是一个人的思想质地。

有道是："佛靠金装，人靠衣装。"其实人不仅要靠衣"装"，还要靠"名装"，因为衣服装饰的只是你的肉体和外形，而"名"装饰的则是你的精神和内在，是你作为人的商标和品牌。因此，当你在社会上拥有了良好的声誉，你就能像一件货真价实的商品（在某种意义上讲，人也是一种商品，要为社会上与你发生各种关系的人所用），受到人们的欢迎。如果你是一个名声扫地的人，你就会像一件伪劣商品一样，被人们所唾弃。

如果一个青年在刚踏入社会的时候，便决心把建立自己的良好名声作为以后事业的资本，做任何事情都无悖于养成完美人格的要求，那么，即使他无法获得巨大成功，但终不至于一败涂地。而那些名声败坏、人格堕落、丧失操守的人，却永远不能成就真正的事业。

名声和人格操守是事业上最可靠的资本，多数青年对这一点缺乏认识。这些年轻人过分地注重技巧、权谋和诡计，却忽视对正直品格的培养。为什么有许多公司情愿以非常昂贵的代价，启用已死数十年或数百年的人的名字来做公司的名称呢？因为那些已逝者的名字象征着正直的品格，代表着信用，使消费者感到可以信赖。

公道、正直与诚实是成功所包含的重要因素。每一个人都应该感到，在自己的体内有一种富贵不能淫、威武不能屈的力量。这极其宝贵的力量就是一个人的品格，应不惜生命来保持和维护。大凡历史上真正的伟大人物，是不会因金钱、权势、地位等种种诱惑而出卖自己的人格的。

林肯像

林肯做律师时，有人找林肯为诉讼中明显理亏的一方做辩护。林肯回答说："我不能做，如果我这样做了，那么出庭陈词时，我将不知不觉地高声说，'林肯，你是个说谎者，你是个说谎者'。"

林肯的美好名声为什么不随着岁月的流逝而消失，反倒与日俱增、越传越远呢？因为林肯的一生都保持

着正直的品格，从来没有作践过自己的人格，从来不曾糟蹋自己的名誉。

名誉是做人的商标，一个人的名誉不是靠自己吹的，而是由公众来评价的，因此这个商标是要在人家嘴巴上注册的。

在社会上失去信誉后，别人便不敢再轻易相信你，因而也不敢轻易与你来往，这就造成了与人相处的尴尬。

一个人一旦失去信誉后，要想重新获得信任和尊重，必须付出艰辛的努力。

失去信誉之后，你周围的人会用怀疑的眼光、埋怨的神情来对待你，没有人会再信任你，没有人会把你当作朋友，没有领导会重用你，你的真诚也没有人理解。在这种状况下，你必须加倍努力，才能树立在别人心目中的形象，才能获得别人的原谅。

当你因为失去信誉而遭到别人冷落、拒绝、刁难之后，你应该有思想准备。因为正是你的错，才导致别人对你的歧视。所以我们只有用重建信用去赢得信任，让那些怀疑我们的人最终被我们的真诚所感动。

无论你从事何种职业，你不但要做出成绩来，还要在创造成绩的过程中建立起良好的品格和信誉。无论做一个律师、一个医生、一个商人、一个职员、一个农夫、一个议员，或者一个政治家，你都不要忘记：你是在做一个“人”，在做一个具有正直品格和良好名声的人。这样，你的职业生涯和生活才有意义。

名声好坏在于谋

即使名声不佳，只要精心谋划，从头开始，身体力行仁善之道，好名声也会如影随形，翩然而至。

应该说，人的名声不论好坏，都是自己创下的。即使名声不佳，只要精心谋划，从头开始，身体力行仁善之道，好名声也会如影随形，翩然而至。

公元1762年6月28日，叶卡特琳娜依靠情人奥尔洛夫兄弟为首的一批青年近卫军官，发动宫廷政变，推翻并杀死了她的丈夫彼得三世，当上了俄国皇帝。一时间全国骂名四起，人们都骂她是杀夫弑君的女妖。但富有谋略的叶卡特琳娜并没有因此而惊慌失措，她懂得怎样来驾驭人们的嘴和心，让他们发出对自己的赞美之音，为自己赢得名声和支持。

当时俄国和欧洲各国的政治家们曾预言，她的统治将和她的丈夫彼得一样昙花一现。因为此时俄国军库匮乏，年度财政赤字1700余万卢布，陆军混乱，海军不修，波罗的海舰队好似无人照看的孤儿，阶级矛盾尖锐激化，农民起义此起彼伏。

叶卡特琳娜审时度势，首先谋取人们的赞誉以树立名望。她事必躬亲，不管是国际问题还是国内问题，她都仔细观察，详细了解。她每天早晨5点起床，每日工作12～14个小时。她知道必须笼络住人心，博取名望，才能站稳脚跟。

叶卡特琳娜像

叶卡特琳娜深知，夺取政权依靠贵族，巩固政权也必须依靠贵族。她杀夫篡位在众多贵族看来，实是悖理之事。为了改变自己在贵族中的形象，她采取的第一项行动便是下令丈量土地。丈量来丈量去，竟将黑海北岸及伏尔加河流域的大片土地都转交到了贵族手中。女皇还对参与政变的贵族论功行赏，赐予巨款和大批农奴。在位 34 年间，她赏赐予臣下的农奴达 80 万人之多。即便是近卫军中的兵士，每人也拥有农奴 29 ~45 人不等。那时，一名女农奴的售价不过 10 卢布。女皇的眷顾，令大小贵族欢欣鼓舞，他们全心拥立、衷心效力女皇。

叶卡特琳娜为巩固政权，采取的第二项行动是解决财政赤字，充实国库。其办法是取缔某些人的垄断权，放弃沙皇的个人预算，建立税收制，发行公债，提高某些税率如农民的蓄胡税，成立证券发行银行等。叶卡特琳娜在登基之前，就对欧洲形势有着广泛的了解，熟悉外交事务。即位之后，她决计停止征战，予民生息，将原定攻打丹麦的军令撤销，并向法、奥各国示意交好。此举为俄国争取到了和平的国际环境，甚得人心。

叶卡特琳娜自幼好学，兴趣广泛，博览群书，和她以前的一些懒惰无知的统治者不同，她懂得法语、德语、俄语，读过许多古典名著和当代名流的作品，对启蒙大师孟德斯鸠和伏尔泰等人的著作尤感兴趣。即位之前就曾读过他们的著作，即位之后，她同伏尔泰、狄德罗等启蒙思想家保持着信牍往来，听取他们对改革政治的意见，以实现“君主与哲学家的结合”，

企图借此来抬高自己的政治声望。

叶卡特琳娜擅长把自己塑造成一位开明君主，一位欧洲进步思想的保护人。投桃报李，伏尔泰、狄德罗这些深受后人敬仰的学者，也诚心诚意为女皇唱出一支支动人的赞歌。伏尔泰颂扬叶卡特琳娜是“北方上空一颗最灿烂的星”“我心中理想的君主”，并为她的侵略战争当辩护士。

由于贫困，狄德罗想以15000银币出卖藏书。女皇得知这一消息后立即提出愿出16000银币，并声明只要狄德罗健在，这些书就不离开他的书房。她说：“我理解爱书的人失去书的痛苦。”女皇还每年出1万银币作为图书管理费，又提前支付50年。这种慷慨震惊了欧洲知识界。伏尔泰称女皇为“欧洲的恩人”，因为这是真正的雪中送炭。于是，一些科学家、建筑家、学者、诗人高兴地奔向荒凉的俄罗斯。

女皇不断提高自己的声望。平时她总是起得很早，有时为了不打扰别人，她会亲自动手生壁炉。有一次她正在往壁炉里添柴生火，忽然听到烟囱道里发出尖叫声和一串不堪入耳的话。她连忙将火熄灭，这时一个满身烟尘的矮个子扫烟囱工人踉踉跄跄爬出来，他差点被呛死。女皇谦逊地向他道歉，请求原谅。

一次，叶卡特琳娜发现仆侍们把御厨为她准备的食品偷吃一空，尽管很生气，但还是提醒他们赶快跑开，以免让皇室管理员看见。

一天，叶卡特琳娜透过皇宫的窗户看到一位老妇人捉鸡，被皇宫仆役抓住，她便派人询问是怎么回事。主管人员回报说，老妇人是一个小厨工的祖母，她想把从御厨房跑出的母鸡带回家去，应该予以治罪。但女皇当场释放了她，并下令以后每天给这位穷苦的老妇人送一只宰好洗净的母鸡。

叶卡特琳娜对于外国客人总是热情备至，当一位意大利冒险者的妻子在俄罗斯分娩难产时，她亲自驾临她的住所，并挽起袖子与助产士一起接生。

16～17 世纪，俄国天花流行，吞噬了无数人的生命。到叶卡特琳娜统治时期，俄国发明了接种牛痘疫苗，因为刚刚发明，相信的人不多。但女皇对此深信不疑，她不顾来自国内国外的反对，坚持亲身试验。经过慎重准备，接种成功了。她成了俄国第一个接种牛痘疫苗的人。因此，新疗法从首都迅速地推广到全国，为千家万户造福。叶卡特琳娜这种“英雄行为”引来了四面八方的一片颂扬和祝贺，人们似乎忘掉了她杀害亲夫的罪行。

叶卡特琳娜还下令筹建弃婴收容站，兴办助产士学校和贵族女子学校。她还从欧洲各国请来了医生、建筑师、工程师和其他各种工匠。她取消了国家对贸易的干涉，鼓励商贩组织自己的同业行会，成立了专门的委员会来对付行贿舞弊的事件。总之，她采取各种各样的措施，推行各种各样的方案，力图使自己的

统治涂上一层“开明”的色彩。

不到数年，全国的唾骂声就变成了颂扬之声，叶卡特琳娜为自己谋得了巨大的名声，建立了威望。她的名声是自己谋得的，她真是一个能在人们嘴唇上跳舞的女人啊！

寻到优秀的“推销员”

世间伯乐很多，只要你善“谋”并确有真才实学，一定会有人乐于“推销”你，让你大展鸿图。

一种产品要想赢得顾客，必须靠推销员去卖力推销。人亦如此，要想在社会上提高知名度，被人们所了解、赏识，也需要有人为你“推销”。

商鞅出身于卫国贵族之家，又名卫鞅、公孙鞅，因臣事于秦而受封商邑，故称为商鞅。他是在别人的多次力荐下才被秦孝公所重用的。

青年时代的商鞅曾在魏国宰相公孙痤门下当食客，公孙痤发现商鞅是个人才，欲把他推荐给魏惠王，可不久却病倒了。惠王去探视，公孙痤趁机推荐商鞅做魏国下一任宰相，魏王未置可否。公孙痤便说：“大王如果不录用他，就请杀死他，不让他到别国

商鞅像

去。”魏王答应了。

公孙痤死后，魏王对他的警告并不理会。此时西边的秦国，年轻的孝公刚即位，决心继承献公遗志，干一番轰轰烈烈的事业。于是发出“招贤令”，多方罗致人才，凡是能出奇计强大秦国者，必赐予高官厚禄。

商鞅立刻奔秦，找到孝公亲信景监，通过景监的极力推荐，商鞅得以谒见孝公。第一次谒见孝公后，商鞅向孝公讲了一大堆尧、舜的道理。但是，孝公觉得商鞅的理论冗长而乏味，所以听得昏昏欲睡，显然很不成功。但商鞅不灰心，过了五天，第二次求见。商鞅又大谈文王、武王之道，滔滔不绝，洋洋洒洒，可孝公仍然毫无兴趣。待商鞅退下后，孝公便把景监训了一顿：“你推荐的那个人，不过是个只通世故、不了解现实的人，哪里能算得上一个人才呢?”

于是，景监便把孝公的话据实以告商鞅。商鞅脸上红了一阵，但他并不死心，答说：“既然他不喜欢这种道理，我还有一套道理可以对他说。”

商鞅极力要求景监再次向孝公推荐自己，于是在景监的再次力荐下，商鞅得以第三次谒见孝公。这次，商鞅谈的是为王为帝、称霸天下的道理。孝公这才产生了兴趣，听得津津有味，但还没说要重用商鞅。商鞅退出，孝公不再像以前那样把景监痛骂一顿，而是说：“你推荐的这人还真行，可以和他谈谈。”景监不知孝公何以对商鞅态度大变，商鞅知道有希望了，便说："因为这次我已经知道孝公的兴趣爱好了，请再安排一次会见。"第四次会见，孝公和商鞅两人谈得十分投机，谈了几天还不觉得疲倦。景监很奇怪，商鞅告诉他："起初，我引用古代帝王为例，为他解说帝王之道，但孝公对这种王道不感兴趣。于是我就向孝公讲称霸天下的策略，孝公却很感兴趣。我知道他的兴趣之所在后，自然要和他多谈谈他感兴趣的强国之道和称霸天下之道了。正因为我的话题孝公感兴趣，所以谈了好几天他仍不知疲倦啊！"

自第四次会见后，孝公开始信任商鞅，商鞅也就开始了在秦国的政治生涯。

有许多人总是抱怨说没有人愿意推销自己，其实这世界上有许多乐于发现人才、推荐人才的人。

"世有伯乐，然后有千里马。"在历史上许多荐贤举能的故事中，三国时代吴国的阚泽推荐陆逊是最为感人的一个。

公元 222 年，刘备为了夺回荆州，给关羽报仇，亲自率领数十万大军东下，深入吴境五六百里，将东吴孙恒驻守的彝陵城团团围住。东吴的军民惶惶不安，形势十分危急。正在这紧要关头，阚泽挺身而出，推荐陆逊出任大都督，他对孙权说："主公，为何不启用陆逊呢？他的才能并不比周瑜差，过去取荆州，败关羽，都是他出的主意。现在大敌当前，主公若能用

他，破蜀必矣。如或有失，臣愿与其同罪。”

孙权雕像

阚泽说得如此坚决，可是难度很大。因为陆逊这时虽已四十出头，但在东吴元老的心目中，仍是“年幼望轻”。加之他一向被人视为“书生”，认为他不是将才。果然阚泽才一出口，就遭到张昭、顾雍等纷纷反对，认为他一出任，必为诸大将不服，不服则生祸乱，必误大事。这时阚泽急了，不禁大声说：“若不用陆伯言，则东吴休矣！臣愿以全家保之！”这时孙权表示坚决启用陆逊，并根据阚泽的意见，举行隆重的筑坛拜将典礼，赐陆逊以宝剑印绶，明确授权，终于取得彝陵之战的胜利！陆逊的威名也一夜风传，为以后继续建大功立大业奠定了雄厚的名望基础。

上面的事例说明，乐于发现人才，举荐人才的伯乐是很多的，只要你善“谋”并确有真才实学，一定会有人乐于“推销”你，让你大展鸿图。

自我推销凭智慧

不善于推销自己，是一个人在社会上成功的最大障碍，也与“积极地自我推销”的时尚理念背道而驰。

现实中，许多人都不善于自我推荐。一提到别人，可以滔滔不绝，把别人的优点或缺点分析得头头是道；一讲到自己，特别是提到自己的优点，不是难以启齿，就是借讲自己的缺点转弯抹角地讲出自己的成绩，以为不这样，就不能表现出自己的谦虚。这就成了一个人在社会上成功的最大障碍，也与“积极地自我推销”的时尚理念背道而驰。

在社会上生活的人，谁都要满足自我的需要，都希望别人能承认、尊重、赏识自己的知识和才能。为了达到个人的目的，每个人都在不断地想方设法，在他人面前表现或推销自我，以使对方从心理上接受自己，为成功开通道路。

“自我推销”是一种艺术。战国时代，古人就以他们的智慧和经验，创造出了“无敌的自我推销术”。这种推销术方法很多，方式也不一样。说客们寄身于

各国的权贵之门，穿梭于各国的权贵之间，抓住一切机会表现自己，推销自己。比如，张仪是“连横”策略的创始人之一，他由魏国一名不起眼的说客，一跃成为秦魏的宰相，以滔滔辩才登上万众瞩目的政治舞台，执战国政局之牛耳，可谓真正的大丈夫。像张仪这种完全靠自己的游说来谋得显赫地位和财富的人，在战国时为数不少。

齐桓公像

公元前680年，齐桓公奉周朝天子的命令统率陈、曹、齐三国兵马，讨伐宋国，桓公命管仲为前部先行。管仲一行人到达一个山脚下，遇到一个身穿短衣短裤，头戴破草帽，赤着双脚的放牛人，此人拍牛角而高歌。管仲发现此人虽衣衫褴褛但相貌不凡，于是派人以酒肉慰劳，并把放牛人唤到跟前与之攀谈。攀谈中，得知此人名叫宁戚，卫国人。管仲问其所学，放牛人应答如流。管仲叹道：“豪杰埋没于此，如不引荐，他何时才能显露才华?”遂修书一封，让宁戚转呈桓公。

三天后，桓公的车仗到此，宁戚又拍着牛角唱道：“南山灿，白石烂，中有鲜鱼长尺半。生不逢尧与舜，短褐单衣至骨干。从昏饭牛至夜半，长夜漫漫何时旦。”

桓公听了很惊讶，问道：“你这个放牛人，怎么敢毁谤朝政！”宁戚说：“小人未敢毁谤朝政。我听说尧舜之时，正百官而诸侯服，去四凶而天下安，不言而信，不怒而威。而今北杏开会，宋国君臣半夜逃跑；柯地会盟，曹沫又来行刺。现在您假天王之命，以令诸侯，欺侮弱小的国家，如此以往，何时天下才得太平？”

桓公听了勃然大怒，大声喝道：“匹夫出言不逊!”喝令将其斩首。

宁戚面不改色，仰天叹曰：“桀王杀了关龙逢，纣王杀了比干，今天您杀了我，我就是与关龙逢、比干齐名的第三条好汉了。”

齐桓公看宁戚胆识过人，怒气顿消，命人与之松绑。这时宁戚才将管仲留下的书信交给桓公。桓公大喜说道：“既有仲父的书信，为什么不早呈寡人？”

宁戚答曰：“我听说贤德的君主择人而用，贤良的臣子亦择主而仕，您如果不喜欢直言敢谏的人而喜欢逢迎的人，那么我宁死也不会交出管相国的书信。”桓公当晚在烛光下，拜宁戚为大夫，让他和管仲一起同参国政。后来宁戚为桓公游说宋国，宋国不战而降，加入盟约。

从战国时期的说客身上我们可以得到启示，当时

的竞争可谓异常激烈，因此，要想使当权人接纳自己，并重用自己，必须使出全部招数，竭尽全力去游说。在表现方面，必须有创意，而且具有鲜明的形象，要让所求之人，因感动而接纳，这便需要相当奇妙的机智了。如果言辞不够动听，也不讲技巧，不但自己推销不出去，反会给自己引来祸害。正因为如此，古时的说客们不得不殚精竭虑，想出最适宜的推销自己的方法，拿出治理乱世的睿智，提出充满处世智慧的说辞，来打动君主。这些对于今天的求职者都是很生动的启示。

化敌为友大手笔

不论是对于大人物，还是小人物，化敌为友都是难得的大胸襟、大手笔。

胸怀宽广，化敌为友，尊重和维护对方的尊严，是极好的待人接物法，同时也可为自己赢得美名。

富兰克林在当费城印刷厂老板的时候，曾被选为宾夕法尼亚州的州务卿。正当他暗自欢喜之际，不料有位议员当众演说，发表不满富兰克林的言论，使富兰克林的名誉和自尊心受到很大伤害。富兰克林对于这个劲敌的意外出现，着实吃惊不小。他知道这个议员在宾夕法尼亚州的影响很大，一言一行都有很多人响应。这对富兰克林以后的政治生涯来说，实在是一个巨大的障碍。

富兰克林像

富兰克林经多方了解，得知反对他的议员是古籍爱好者，在家里藏有多种非常珍贵的古书。该议员因有这些古书而自以为

荣，而很多古书专家对该议员拥有的古书却不大感兴趣。于是，富兰克林就诚恳地向那个劲敌请求：让他鉴赏一下这些古书。议员为了显示自己是个拥有很多珍贵价值古书的人，马上就把书借给了富兰克林。一星期以后，富兰克林写了封感谢信，连同借来的书，遣人送还给他。富兰克林在信中对古书的珍贵处做了充分的肯定，还提出了自己对古书的看法，并对议员拥有这些书表示祝贺。过了几天，在议会里彼此见面的时候，那个议员完全改变了对富兰克林的态度。以后他竟成了富兰克林的至交，帮助富兰克林渡过了许多难关。

这正如在两军对战中，招引接纳敌方投降、叛变过来的人，加入自己的阵营，可以分化敌人的阵营，扩大自己的力量，提高自己的声望。

曹操像

东汉末年，曹操与袁绍大战于官渡。曹操兵七万，袁绍军七十万。曹操兵少将寡，处于劣势；袁绍兵多将广，粮草充足。但袁绍刚愎自用，对谋士、大将很是多疑。曹操则善于接纳招引袁绍的叛将，使袁绍的许多大将都叛袁投曹。曹操采纳袁绍谋士许攸计，火烧了乌巢粮草，使袁军不战自乱。此后又接纳了袁绍的叛将张郃、高览，把张郃封为偏将军、都亭侯，高览封为先锋，他们主动去劫袁绍大营，袁军大败，死伤无数，袁绍只带八百余骑逃走。

在这次官渡之战中，曹操接纳并善待许攸、张郃、高览等叛将，不但扩大了自己的军事力量，增强了自己的战斗力，而且从他们身上了解到了关系袁军生死存亡的第一手情报，并为自己赢得了宽宏大量的美名。因此，曹操能转败为胜，一举打败占据优势的袁绍。

可见，不论是对于大人物还是小人物，化敌为友都是难得的大胸襟、大手笔。

小事谋名大事用

我们把每件小事都做好，由此积累下良好的声誉，等到做大事时，自然是顺理成章，水到渠成了。

某些人谋名的目的，就是获得别人的信任，由此达到某种目的。他们为了掩盖自己的目的，就在一些“小事”上博取对方的信任。在“先入为主”的观念下，到真正采取大的行动时，他们就非常容易蒙混过关。

石显是西汉元帝时候的一个宦官，他聪明能干，善于奉承皇帝和猜测皇帝的心事，因而很受信任，被任命为中书令。中书令专管传达和宣布皇帝的命令，地位重要，权力很大。石显就利用这个机会，陷害那些反对过他的人，一批有才干、有名望的大臣，让他害得有的被砍头，有的被自杀，有的被判刑，有的被终身免职。

石显知道自己得罪的人很多，生怕别人在皇帝面前说他的坏话，就看准时机，故意安排一些事情来取得皇帝的信任。有一次汉元帝派他出宫办事，他动身前先对元帝说：“今天要去的地方很多，恐怕回来太晚，宫门关了，请皇上命令守门人到时开门让我进来。”元帝同意了。这天他故意拖到很晚才回来，宫门当然关了，他就大声对守门人说：“皇上命令我出去办事，允许我晚些回来的，快开门！”过了几天，果然有人上奏章告发石显假托皇帝的命令开宫门，汉元帝笑着把奏章拿给石显看。为此，石显流着泪说：“皇上偏爱我，信任我，大臣们都非常嫉妒，想方设法陷害我。今天这件事幸亏皇上知道真相，不然我浑身是嘴也说不清啊。以后这样的事情肯定还很多，我官职小，地位低，哪是这些大臣的对手！皇上还是免掉我的中书令，让我干些粗活，免得得罪这些大臣，也好多活些日子，多服侍皇上几年吧！”汉元帝看他说得那么可怜，心里很难过，好言好语地安慰他，还赏了他很多财物。从此，汉元帝更加信任石显，大臣们也就不敢说石显的不是了。

石显就是凭着这样的巧妙安排，不断地巩固自己的地位。

这当然是“厚黑学”的例子，为人们所鄙夷、所不齿。倘若我们换一个角度看问题，也许就会得到另一种收获。做坏事都能从小事上谋名大事上用，那么做好事也更该讲究这些：许多小事上都丢了名声，何谈做大事？我们把每件小事都做好，由此积累下良好的声誉，等到做大事时，自然是顺理成章，水到渠成了。

机会是自己创造的

在没有机会时，光靠等待是远水解不了近渴的。怎么办？那就自己去创造机会！

人常说，机会青睐有准备的头脑。如果没有机会呢？那就应该自己去创造。比如假借别人的威名来抬高自己，毕竟要绕一个大圈子，还有一个更简单的办法，就是直接“往自己脸上贴金”。只要“贴”的手法巧妙，同样可以达到壮大自己名声的目的。

张作霖像

“东北王”张作霖就曾自导自演过一出好戏，成功地为自己挖好了一条地道，巧妙地向自己所求之人表了忠心，结果官运亨通，扶摇直上。

张作霖是个野心勃勃的人，虽说已经是土匪大头目，

但他朝思暮想要弄个朝廷官员干干。

奉天将军增琪的姨太太从关内返回奉天，此事被张作霖手下干将汤二虎探知，急忙报告张作霖。张作霖一拍大腿，说："这真是把货送到家门口了。"

汤二虎奉张作霖之命在新立屯设下埋伏，当这队人马行至新立屯时，被汤二虎一声呐喊阻截下来，随后把他们押到新立屯的一个大院里。

增琪的姨太太和贴身侍者被安置在一座大房子里，四周站满了持枪的土匪。这时，张作霖已经接到报告，便飞马来到大院，故意提高声音问汤二虎："哪里弄来的马匹？"

汤二虎也提高声音说："这是弟兄们做的一笔买卖，听说是增琪将军大人的家眷，刚押回来。"

张作霖佯作愤怒地说："混账东西！我早就跟你们说过，咱们在这里是保境安民，不要随便拦劫行人。我们也是万不得已才走绿林这条黑道的，今后如有为国效力的机会，我们还得求增大人照应！你们今天却做出这样的蠢事，将来怎向增琪大人交代？你们今晚要好好款待他们，明天一早送他们回奉天。"

在屋里的增琪姨太太听得清清楚楚，当即传话要与张作霖面谈。张作霖立即先派人给增琪姨太太送去礼物，然后入内跪地参拜姨太太。

姨太太很感激地对张作霖说："听罢刚才你的一番话，将来必有作为。今天只要你保证我平安到达奉

天，我一定向将军保荐你部为奉天地方效劳。”

张作霖听后大喜，更是长跪不起。

次日清晨，张作霖侍候增琪姨太太吃好早点，然后亲自带领弟兄们护送姨太太回奉天。

姨太太回到奉天后，即把途中遇险和张作霖愿为朝廷效力的事向增琪将军讲了。增琪听后十分高兴，立即奏请朝廷，把张作霖部收编为巡防营，张作霖从此正式告别了“胡匪”“马贼”生活，成为真正的清廷管带。

张作霖的表演才能，实在是出神入化。在没有机会时，光靠等待是远水解不了近渴的。怎么办？那就自己去创造机会。

借助“名人效应”

通过与有名的人打交道，既捧了所求之人，又抬高了自己的身价，别人自然会对你刮目相看。

单纯地给自己脸上贴金，一是人们不一定相信，二是即使相信也不一定能得到对方的好感。在这两种都拿不准的情况下，还有一个办法，就是多与有名的人打交道，令别人对你“刮目相看”。

在英国南部海岸的巴格斯山丘附近的一个工业地区，有一家小规模的电子工厂，这家工厂是由一名高级电子技术人员经营的。这位经营者发明了一种可以广泛应用于工业上的测定装置。为了出售他发明的物品，他到处去推销，并印刷了大量的宣传单散发给大企业家，可是却遭到对方的冷淡。后来，他又发明了另一种用途的新产品，并且挨门挨户地去推销他的产品，结果这回比上次更惨，问津者很少，库存量陡增。这时，他想起了前任经营者曾对他说过的一句话：“必须亲自加入产品的市场，一心一意地在其中经营，直到独占市场鳌头才行。”

受此启发，他一改过去挨家挨户推销新产品的传统做法，而是有计划地到各地饭店举行小型的发明新产品展示会。他先是在伯明翰的亚巴尼饭店举行展示会，广泛邀请当地有名的技术人员参加。邀请的方式隆重而简朴，由工厂派人派车专程接他们到饭店，准备简单的午餐和葡萄酒。他对这些客人说，他每次举办这种展示会，只限将新产品卖给六个客户，多者不卖。成交对象将选择那些资金雄厚、技术力量强大、设备先进、经营管理良好的工厂，以保证产品的质量和本公司的信誉。他的话给来者以很大的冲击，不仅都希望能成为当场的买主，而且各公司的采购人员纷纷去人、去函索取产品说明书，要求访问、参观他的工厂，进行谈判交易。久而久之，他的产品的名气大增，稳稳当当地建立了极高的信誉，比其他同行的销售量大得多。

这家电子工厂的经营者从开始的手中压有新产品，传统的推销方法使他的销售活动屡遭失败，造成了滞销的不利局面。后来，经营者因势变通，通过小型发明产品展示会的形式，向当地有名的技术人员及客户展示，并激起竞买，这种做法的另一层意思是：我卖给你产品，说明你的实力。这既抬高了自己，又捧了所求之人。借助“名人效应”，竟然有如此结果，不得不让人刮目相看。

没名可以借名

自己没名并不打紧，只要借名人之光亦可有名。关键是要有深入细致的“借名”功夫。

唐代刘禹锡之《陋室铭》云：“山不在高，有仙则名；水不在深，有龙则灵。”意思是说：山之出名，不在高低，如果有神仙住在里面，它就会成为名山；水之灵验，不在深浅，如果有蛟龙游荡其中，它就会成为神水。因此，利用“有名则名”，巧借名人之名，使自己威名大行，也是一种很有效的谋略。比如，如果一个单位经常有名人莅临，那么这个单位也会变得遐迩闻名的。而单位之“闻名”与否，将直接关系到该单位经济效益的好坏。

当然，一个单位要想能有名人经常光顾，还必须有几手招徕并留住名人的绝招。例如，美国好莱坞的粉红色迷宫酒店，在这方面即卓尔不群。该酒店备有从无数资料中整理出来的“世界名人索引卡”，卡上的人全是世界上知名的政界要人、超级巨星或者大富豪等，并且卡上还详细记载着这些人的特殊爱好、饮

食习惯甚至怪病，等等。

伊丽莎白·泰勒像

卡片依名人的知名度之高低，分为四个等级，并以四种颜色区别之。最高等级的是粉红色卡，以下依次是黑色卡、蓝色卡和白色卡。影星伊丽莎白·泰勒是少数用粉红色卡的名人之一，由于她的爱好多变，酒店为使她满意，特派人员随时记下备忘录。玛格丽特公主的前夫史诺顿来酒店参观，酒店负责人从卡上得知他每天必吸法国名烟，便连夜空运了一箱巴黎名烟来款待他。某石油大王最嗜烤熊排，该酒店居然派人到阿拉斯加去猎熊……

无独有偶，法国巴黎的希尔顿饭店也曾挖空心思招揽名人，其无微不至的服务，同样带来了良好的经济效益。如美国某女士曾预订过该饭店的一套高级房间，但她抵达后不久即出门访客去了。饭店经理发现该女士的皮鞋、套裙、提包、帽子等，无一不是大红色，便发出紧急指令，命人将该女士所订套房里的地毯、灯罩、床罩、沙发、窗帘等，全部换成大红色的。该女士回来看到后，不禁会心地笑了，开了张 10000 美元的支票，作为小费，送给了希尔顿饭店。

可见，把“有名则名”作为一种谋略时，关键要在“有”字上下功夫。就是说必须研究吸引并留住名人的招法，改变思想观念，加强“特种服务”。这样，就不愁我们的单位不出名。只要我们的单位出了名，也就不愁不盈利。在这一方面，粉红色迷宫酒店与希尔顿饭店运用的“有名则名”之谋，为我们提供了绝好的样本。

栗子不炒不香

俗话说，栗子不炒不香。聪明的人不但炒了栗子，也炒红了名声，当然也炒出了不同寻常的好处。

许多商业广告喜欢用名人而不惜重金。有头有脸的人都喜欢用的东西，普通人心理上容易认同：“我和××用的是同一个品牌的。”同样是消费，多一层攀龙附凤的光环，自然很多人愿意借这个光。

美国一家公司所生产的天然花粉食品“保灵蜜”销路不畅，经理绞尽脑汁，如何才能激起消费者对“保灵蜜”的需求热情呢？如何使消费者相信“保灵蜜”对身体大有益处呢？广告宣传，未必奏效，大家见得多了。

正当一筹莫展之际，该公司公关部的一位工作人员带来喜讯：美国总统里根长期吃此食品。原来，这位公关小姐非常善于结交社会名人，常常从一些名流那里得到一些非常有价值的信息。这一次她从里根总统女儿那里听到了对本企业十分有利的谈话。据里根的女儿说：“20 多年来，我们家冰箱里的花粉从未间

断过，父亲喜欢在每天下午4时吃一次天然花粉食品，长期如此。”后来，该公司公关部的另一位工作人员，又从里根总统的助理那里得来信息，里根总统在健身壮体方面有自己的秘诀，那就是：吃花粉，多运动，睡眠足。

这家公司在得到上述信息并征得里根总统同意后，马上发动了一个全方位的宣传攻势，让全美国都知道，美国历史上年纪最大的总统之所以体格健壮、精力充沛，是因为常服天然花粉的结果。于是“保灵蜜”风行美国市场。

攀龙附凤之心大多数人都有一些，谁不希望有个声名显赫的朋友：一个明星，或者随便什么大人物？如果能跻身于他们的行列，自己也便沾上了荣耀，在别人眼里也就身价大增了。

东汉桓帝时，“十常侍”之一的宦官张让因帮助桓帝夺权有功，被封为侯爵，把持朝政，一手遮天。官员的提拔升迁都是他一个人说了算，因此，巴结他的人挤破门，那些想拿钱买官的人都千方百计地接近他，以求升迁。

有位富商叫孟伦，贩运来到京师，了解到这一情况，心中便有了生财之道。他先打听情况，知道张让因在宫中侍候皇上，所以家中有一管家主持日常事务，有人求见张让，都由他事先安排。孟伦便在这位管家身上做起了文章，打听好他天天去哪家酒馆，自己早

早在那里等着，伺机接近。也巧，这天管家吃完了酒，却忘了带银子。酒家因是熟人，说下次带来。这时，孟伦赶忙上前，代管家付了账。管家感激，二人攀谈起来，商人的油嘴和头脑谁比得上？不长时间便把管家“降住”，以孟伦为知己。

鱼儿上钩，孟伦便加紧使劲儿，在这位管家身上花了不少银钱，最后竟使这位惯于“吃黑”的老手也有点过意不去，问孟伦有什么要求。孟伦听后，心中大喜，但不露声色，忙说没有什么要求，只是交个朋友。最后管家一再说要效力，孟伦说：“别无所求，若您不为难的话，只希望您当众对我一拜就足了。”管家本是奴才，拜人惯了，这有何难，当即满口答应。

其实，孟伦此钓只是为了借鱼饵而已，真正的钓鱼好戏还在后头。第二天，孟伦来到张让府前，那些盼望升迁的权势小人早已挤满了胡同，等候管家开门安排。日头老高了，管家才在小奴才的陪伴下开门见客，众人一下拥上前去。管家在门阶上见孟伦站在人后，便率领众奴才拨开众人，倒头便向孟伦拜去，把孟伦客客气气地迎进府中。直把那班等候的人惊在那里，心想这位鼻孔朝天的管家对这位孟伦如此客气，那孟伦与张让肯定不是一般关系。所以，那些找管家排不上号的人便转来找孟伦走门子，送来许多财富。孟伦一概应允，不出十天，便收下数万钱财。孟伦瞅了个星夜，裹卷而去，到外地叫卖去了。

俗话说，栗子不炒不香，美国公司的炒法与孟伦的炒法自有诸多区别，但他们都把栗子炒香了，把自己的名声炒红了，当然也炒出了不同寻常的好处。

不妨来点奇谋

换一种思维，换一种套路，弄点奇谋妙计，玩点小伎俩，也许会另辟蹊径，别有洞天的。

对急于出名的人，如果一下子“谋不到”推销自己的人，不妨想些“奇谋”出来，下面就是两个有趣的例子。

诗人陈子昂刚到京都长安时，还不为人们所知。一天，有个卖胡琴的人为自己的琴要价一千贯，那些豪绅贵族争相传看，都没人能够辨别胡琴的优劣。这时，陈子昂突然走上前去，对卖琴人说：“跟我到家里去取一千贯钱，这琴我买了。”众人吃惊地问他为什么用这么高的价钱买这把胡琴，陈子昂说：“我善于演奏这种乐器。”大家说：“能听听您的演奏吗?”陈子昂说：“请大家明天到宣阳里来，我演奏给你们听。”第二天，大家如期前往。此时，陈子昂已准备好酒菜，胡琴摆在桌前。吃完饭后，陈子昂捧着琴说：“我叫陈子昂，四川人，有文章一百卷，千里迢迢来到长安，竟还不为人所知。这把胡琴不过是一般的乐工所制作的，我怎能对它有兴趣呢？”说完，举起琴来，摔地而碎。然后把自己的文章一一赠给在座的诸位。这样，一天之内，陈子昂的名声就传遍整个长安。

毛姆像

英国当代小说家毛姆成名前，生活十分困难，为了推销他的小说，便想出了一个奇妙的计策：他花钱在各大报纸上刊登了一则内容相同而又引人注目的征婚启事。那上面说：“本人喜欢音乐和运动，是个年轻而又有教养的百万富翁，希望能找一个与毛姆小说中的女主角完全一样的女性结婚。”这则征婚启事刊登后，毛姆的小说立即成为英国年轻读者的抢手货。因为不少女性为了同这位百万富翁结婚，都急于想知道毛姆小说中的女主角是个什么样的人物，她们争先恐后地去买毛姆的小说，以便与之对照比较。而男性读者则唯恐自己的女友去应征，也不得不去买一本毛姆的小说，以了解女友的心理活动。几天之后，伦敦所有书店就再也买不到毛姆的小说了。

毛姆为了推销小说而刊登征婚启事的计策，也是奇人奇想。他略施小计，天下读者尽入其彀中矣！

的确，有些时候，光是一条道走到黑是没有希望成名的。那就换一种思维，换一种思路，弄点奇谋妙计，玩点小伎俩，也许会另辟蹊径，别有洞天。

学会“脑筋急转弯”

在处世过程中，有时可以利用对方的不知底细，来个“脑筋急转弯”，做一次“披着狼皮的羊”，兴许会收到奇效。

面对非常时刻，应有非常之举。比如为了阻止对方进行有害于己方的行为，就可采用“披着狼皮的羊”的办法，使对方碍于己方的“实力”和“威名”，不得不重新考虑自己的行动方案。

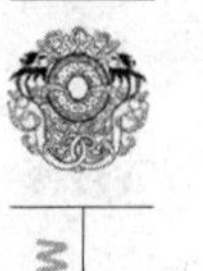

明英宗像

例如，明英宗正统十三年，吴官潼出使瓦剌时，被扣押为奴。就在第二年，英宗在“土木之变”中被

俘，正被瓦剌扣押的吴官潼，便主动要求做了英宗的随从。从瓦剌回国，因为朝廷内部的权力斗争，吴官潼不幸又被打入自己人的大狱。

到景泰元年，瓦剌再次大举进犯中原，包围了北京城。大将石亨为代宗出主意说："把吴官潼放出来，可以让他退兵。"正急得团团转的代宗，一听有人能退兵，马上诏吴官潼出狱，并亲自为其去掉刑具，问："你能让也先（瓦剌首领）的部队退兵吗？如果能成功，我封你为侯。"

对瓦剌人十分了解的吴官潼当即一口答应："可以！"代宗大喜，便立即赐予他新衣，并把他押至石亨的营中。石亨一见吴官潼，高兴地说："吴先生来了，我就放心了。"吴官潼赶着一头驴，头戴一顶破草帽，手里拿着一块肉，闯入瓦剌人的包围圈。瓦剌兵抓住他，送至头领面前。吴官潼便装得十分委屈的样子，不慌不忙地用番语说："我是某村人，我娘有病，我进城买肉给她老人家吃，你们抓我干什么？"然后，他又故作神秘地说："你们怎么还在这里？我听说朝廷已传旨召集四方兵马到京城，马上就要潜入你们的领地，去剿你们的老巢。"吴官潼停了停，又说："若不是与你们有乡情，我才不会冒着杀头的危险告诉你们呢！"

正在这时，石亨趁机用火器向也先的部队猛轰。瓦剌军将领一见，以为朝廷下一步确实有"大动作"，

顿生退兵之意。也先最终撤兵，北京遂解围。

可见，在处世过程中，有时不妨利用对方的不知底细，来个“脑筋急转弯”，做一次“披着狼皮的羊”，兴许会收到奇效。只是，行此招务必慎重，不然，很可能“画虎不成反类犬”。

谋名的“底线”

求名并无过错，关键是不要死死盯住不放，盯花了眼。那样，必然要走到沽名钓誉、欺世盗名的歪门邪道上去。

俗话说“雁过留声，人过留名”。谁也不想默默无闻地活一辈子，所谓人各有志，就是这个意思。自古以来胸怀大志者多把求名、求官、求利当作终生奋斗的三大目标。三者能得其一，对一般人来说已经终生无憾；若能尽遂人愿，更是幸运之至。然而，从辩证法角度看，有取必有舍，有进必有退，就是说有一得必有一失，任何获取都需要付出代价。问题在于，付出的值不值得。为了公众事业，为了民族和国家的利益，为了家庭的和睦，为了自我人格的完善，付出多少都值，否则，付出越多越可悲。所谓忍名让利，正是从这个意义上提出的人生命题。在求取功名利禄的过程中，奉劝诸君，少一点贪欲，多一点忍劲，莫为名利遮住眼。

客观地说，求名并非坏事。一个人有名誉感就有了进取的动力，有名誉感的人同时也有羞耻感，不想玷污自己的名声。但是，什么事都不能过于追求，只要过分追求，又不能一时获取，求名心太切，有时就容易生邪念，走歪门。结果名誉没求来，反倒臭名远扬，遗臭万年。君子求善名，走善道，行善事；小人求虚名，弃君子之道，做小人勾当。古今中外，为求虚名不择手段最终身败名裂的例子很多，确实发人深思。有的人已小有名气，还想名声大振，于是邪念膨胀，连原有的名气也遭人怀疑，更加可悲。

唐朝诗人宋之问，有一外甥叫刘希夷，很有才华，是一年轻有为的诗人。一日，希夷写了一首诗，曰《代白头吟》，到宋之问家中请舅舅指点。当希夷诵到“古人无复洛阳东，今人还对落花风。年年岁岁花相似，岁岁年年人不同”时，宋情不自禁连连称好，忙问此诗可曾给他人看过。希夷告诉他刚刚写完，还不曾与人看。宋又道：“你这诗中‘年年岁岁花相似，岁岁年年人不同’二句，着实令人喜爱，若他人不曾看过，让与我吧。”希夷言道：“此二句乃我诗中之眼，若去之，全诗无味，万万不可。”晚上，宋之问睡不着觉，翻来覆去只是念这两句诗。心中暗想，此诗一面世，便是千古绝唱，名扬天下，一定要想法据为己有。于是起了歹意，命手下人将希夷害死。后来，宋之问获罪，先被流放到钦州，后又被皇上勒令自杀，天下文人闻之无不称快！刘禹锡说：“宋之问该死，这是天之报应。”

在中世纪的意大利，有一个叫塔尔达利亚的数学家，在国内的数学擂台赛上享有“不可战胜者”的盛誉。他经过自己的苦心钻研，找到了三次方程式的新解法。这时，有个叫卡尔丹诺的人找到了他，声称自己有千万项发明，只有三次方程式对他是不解之谜，并为此而痛苦不堪。善良的塔尔达利亚被哄骗了，把自己的新发现毫无保留地告诉了他。谁知，几天后，卡尔丹诺以自己的名义发表了一篇论文，阐述了三次方程的新解法，遂将成果攫为己有。他的做法虽然在相当一个时期里欺瞒住了人们，但真相终究还是大白于天下。现在，卡尔丹诺的名字在数学史上已经成了科学骗子的代名词。

宋之问、卡尔丹诺等也并非无能之辈，在他们各自的领域里都是很有建树的人。就宋之问来说，纵不夺刘希夷之诗，也已然名扬天下。糟糕的是，人心不足，欲无止境！俗话说，钱迷心窍，岂不知名也能迷住心窍。一旦被迷，就会使原来还有一些才华的“聪明人”变得糊里糊涂，使原来还很清高的文化人变得既不“清”也不“高”，做起连平常人都不齿的肮脏勾当，以致弄巧成拙，美名变成恶名。

求名并无过错，关键是不要死死盯住不放，盯花了眼。那样，必然要走到沽名钓誉、欺世盗名的歪门邪道上去。

第五篇

谋情先谋人

人是感情动物。别人对你感情好坏，常常潜移默化地影响着你生活的顺逆兴衰和人生的沉浮荣辱。所以，世间每个人无不在意别人对自己的感情，包括友情、爱情、亲情，以及职场中的同事情、领导情、下属情，等等。这些情的好坏意味着帮助与冷漠、支持与拆台、呵护与打击、提携与践踏……人在社会上要谋生存谋发展，当然希望得到前者。而要获得这些友善的感情就绝不能我行我素地蛮干，而要用心去维护，用智去赢取。情是自己和别人共同放飞的风筝，一条线在自己手里，另一条线则在别人手里牵着，所以，要想让风筝飞起来并且飞得好，就必须谋得别人的积极配合，这就是“谋情先谋人”的精义所在。

人生难得知己

没有友谊的人生正如没有绿色的沙漠，何来生趣盎然的情致呢？

人生不能没有朋友，朋友间建立一份真挚的友谊，的确是一件非常美好的事情。像“伯牙鼓琴，子期知音”以及“管鲍分金”这类生死之交的故事，是人类友谊的千古绝唱。

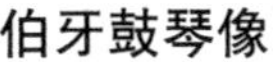

伯牙鼓琴像

春秋时的伯牙善于弹琴，而他的朋友钟子期则善于听琴。一次，伯牙弹起一支曲子，意在吟咏高山。

钟子期听其声抑扬铿锵、刚劲有力，就说："好啊！这一曲气势雄壮，就像泰山一样巍峨峻拔。"伯牙又弹起另一支曲子，意在吟咏流水。钟子期听其声舒缓自如、流畅明快，就赞叹道："妙呵！这一曲浩浩荡荡，就像江河水奔流不息！"

一天，伯牙与钟子期到泰山之北游玩，遇上了一场暴雨，他们只好到山岩下面避雨。伯牙取得琴来弹奏。开始时，弹的是山风阵阵，大雨淋淋；然后表现风声更紧，暴雨如注；最后弹出山崩石裂，惊天动地……每奏一曲，钟子期便用准确的语言将乐曲的意境描绘出来，以至伯牙也十分感叹："你对琴声的理解实在太奇妙了！对曲子的描绘都与我心中所想的一模一样。我无论有什么心思都逃不过你的耳朵。你真是一个难得的知音呵！"

后来，钟子期死了，伯牙拉断了琴弦，摔碎了他的琴。他说："知音都没有了，我还弹什么琴呢！"于是终生不再鼓琴。

春秋时齐国颍上人管仲，相貌魁梧，气宇轩昂，而且博学多识，颇有雄才伟略。他有个好朋友叫鲍叔牙，他们俩一起做生意，管仲的资金少，赚了钱后，管仲多拿一份利润。鲍叔牙手下的人愤愤不平，都说管仲贪心，占人家便宜。鲍叔牙却袒护他说："话不能这么说，他家里穷困，比我缺钱，我心甘情愿多分点给他。"这就是"管鲍分金"这句成语的由来。

他们俩也一起打仗，每次出兵，管仲总是躲在后头；退兵的时候，他却跑在前头，很多人都笑他贪生怕死。鲍叔牙又为他辩解，说：“老实说，像他这么有勇气的人，天下还少有呢！只因为他母亲年迈，又缠绵病榻，他当然得好好保命来奉养她，他哪儿是真的不敢打仗呢?”管仲听了这些话，就感叹地说：“唉！生我的是父母，了解我的只有鲍叔牙啊！”于是他们便结为生死之交。

后来管仲成为公子纠的老师，鲍叔牙成为公子小白的老师，两人各事其主。管仲帮助公子纠同公子小白争夺齐国王位，用箭差点射死了公子小白。后来公子纠事败被杀，管仲也作为俘虏，被从鲁国送到已夺得王位成为齐桓公的公子小白面前。管仲到了齐国，好朋友鲍叔牙率先去迎接他，还再三把他引荐给齐桓公。齐桓公不悦地说：“他用箭射我，几乎要了我的命，我恨不得吃他的肉剥他的皮，你还叫我重用他?”鲍叔牙说：“当时他是公子纠的手下，当然得帮着主子，否则他不是不忠吗？他满腹经纶，又有雄才伟略，是难得的人才，主公要是重用他，他必能帮您经营齐国，使您

管仲像

称霸诸侯。”

齐桓公听信了鲍叔牙的话，就命管仲为相国。在管仲的辅佐下，齐桓公很快成为春秋五霸之一。

多交比自己优秀的人

俗语说，跟“臭棋篓子”下棋会越下越臭，跟高手下棋则越下越精。

朋友，就像有益的书籍一样，真正的朋友总不忍坐视我们的颓丧，而时常鼓励我们，使我们增加勇气。

要和人相识，并不像通常所想象的那么困难，就是要结交地位较高的人也是如此。尤其是年轻人，更可以无所顾虑地和地位较高的人亲近。

美国有一位名叫阿瑟·华卡的农家少年，在杂志上读了某些大实业家的故事，很想知道得更详细些，并希望能得到他们对后来者的忠告。

有一天，他跑到纽约，也不管人家几点开始办公，早上 7 点就到了威廉·B. 亚斯达的事务所。

在第二间房子里，华卡立刻认出了面前那体格结实、长着一对浓眉的人就是他要找的人。高个子的亚斯达开始觉得这少年有点讨厌，然而一听少年问他：“我很想知道，怎样才能赚得百万美元?”他的表情便柔和并微笑起来。两人竟谈了一个钟头。随后亚斯达还告诉他该去访问的其他实业界的名人。

华卡照着亚斯达的指示，遍访了一流的商人、总编辑及银行家。

在赚钱这方面，他所得到的忠告并不见得对他有所帮助，但是能得到成功者的知遇，却给了他自信。他开始仿效他们成功的做法。

又过了两年，这个20岁的青年成为他学徒的那家工厂的所有者。24岁时，他是一家农业机械厂的总经理。为时不到5年，他就如愿以偿地拥有百万美元的财富了。这个来自乡村粗陋木屋的少年，终于成为银行董事会的一员。

华卡在活跃于实业界的67年中，实践着他年轻时在纽约学到的基本信条，即多与有益的人结交，会见成功立业的前辈，能转换一个人的机运。

要与伟大的朋友缔结友情，跟第一次就想赚百万美元一样，是相当困难的事，其中原因并非在于伟人们的超群拔萃，而是你自己容易忐忑不安。

年轻人之所以容易失败，是因为不善于和前辈交际。第一次世界大战中法兰西的陆军元帅福煦曾说过：“青年人至少要认识一位精通世故的老年人，请他做顾问。”

萨加烈也说过同样的话：“如果要求我说一些对青年有益的话，那么，我就要求他们时常与比自己优秀的人一起行动。就学问而言或就人生而言，这是最有益的。学习正当地尊敬他人，这是人生最大的乐

趣。”

不少人总是乐于与比自己差的人交际，这的确很能够自慰，因在与友人交际时，能产生优越感。可是从不如自己的人当中，显然是学不到什么的，而结交比自己优秀的朋友，能促使我们更加成熟。

我们可以从劣于我们的朋友中得到慰藉，但也必须接受优秀的朋友给我们的刺激，以助长勇气。

大部分的朋友都是偶然得来的。我们或者和他们住得很近因而相识，或者是以未曾预料的方式和他们相识，结交朋友虽出于偶然，但朋友对于个人进步的影响却很大。交朋友宜经过慎重地考虑之后再决定取舍。

总之，事业成功的人，有赖于比自己优秀的朋友，不断地促使自己力争上游。

力拓交际空间

结交一个朋友，可能带来一大群朋友。

交际圈应越来越大，而不是越来越小。

拓展自己的交际圈子时，尊重周围的每一个朋友是十分必要的。因为每一个朋友背后，也都有他自己的交际圈子，这个圈子可能涉及数百个形形色色的人。如果忽视了周围任何一个朋友，那么他的所有交际圈子可能就与你绝缘了。

人生就要不断地结交新关系，维持老关系。在这个过程中，通过各种交往与跟自己志同道合的人组成一个交际的圈子，通过自己的朋友再认识新的朋友，借此拓展交往的范围。

在扩展自己的交际圈子建立朋友关系时，经常与那些“有实力的人”“德高望重的人”以及“在某些方面有特长的人”交往，可以提高你的层次和身份。

与这些水平比自己高的人来往，你会慢慢地融入他们的人际关系圈子，你的交际范围就扩大了，交往的层次也提高了不少。因此，你应该经常与这些水平比你高许多的人来往，在更高的层次上建立自己的人

际关系网。

交友还须与朋友建立良好的互信关系。信任既包含你对友人的信任，也包括友人对你的信任。朋友之间最基本的态度就应该是信任。那么，如何赢得友人的信任呢？

当别人委托你做某件事时，你应该尽力去帮别人完成，不管对方是郑重其事的嘱托还是口头上的请求，你都应该当作自己的事情一样来处理。如果实在难以完成，应尽力完成力所能及的部分，并向对方说明不能完成的理由并表示歉意，这样你就会赢得对方的信任。

当你委托友人办事时，要对对方充分信任，委托给他的事情让他以自己的方式去处理。如果对方不能完成并诚恳地阐述了理由，就应向对方致谢，另想办法。总之，只要对方尽力去办了，就要给予他充分的信任。

距离产生美

再好的朋友也是两个人，而不是一个人。朋友间保持一定的距离，不仅是一种大度的胸襟，也是友谊本身的自然要求。

距离是人际关系的自然属性。有着亲密关系的两个朋友也毫不例外，成为好朋友，只说明你们在某些方面具有共同的目标、爱好或见解，以及心灵的沟通，但并不能说明你们之间是毫无间隙、融为一体的。任何事物都存在着其独自的个性，事物的共性存在于个性之中。共性是友谊的连接带和润滑剂，而个性和距离则是友谊相吸引并永久保持其生命力的根本所在。

友情就像弹簧一样，保持适度的距离以及适度拉伸和压缩，都会使之保持永久的弹性美。

人一辈子都在不断地结交新的朋友，但新的朋友未必比老的朋友好。失去友情更是人生的一大损失，因此，我们强调：好朋友一定要“保持距离”！

交友的过程往往是一个彼此气质相互吸引的过程，因为你们有共同的“东西”，所以一下子就越过鸿沟而成了好朋友，甚至“一见如故，相见恨晚”。这个

现象无论是异性还是同性都一样。但再怎么相互吸引，双方还是有些差异的，因为彼此来自不同的环境，接受不同的教育，因此人生观、价值观再怎么接近，也不可能完全相同。当二人的“蜜月期”一过，便无可避免地要碰触彼此的差异，于是从尊重对方开始变成容忍对方，到最后成为要求对方。当要求不能如愿时，便开始背后的挑剔、批评，然后结束友谊。

人就是这样奇怪：未得到时，总想得到；未靠近时，又总想贴在一起，真正得到和靠近却又太过苛求。人总在无意中伤害着自己。很奇妙的是，好朋友的感情和夫妻的感情很类似，一件小事也有可能造成感情的破裂。所以，如果有了“好朋友”，与其太接近而彼此伤害，不如“保持距离”，以免碰撞！

有些人自以为朋友和自己心心相印，说什么他都不会计较，于是就对他当面诉说你对他本人的不满。也许你的朋友并不像你想象的那么大度，则很有可能记恨在心，伺机暗中布设圈套陷害你。因此，你在坦言之前，最好是认真思考一下这样做的后果，看对方是否能够接受，是否会产生逆反心理，是否感到你的行为过于轻率，是否会影响到你们之间的友谊。当你发现对方心胸比较狭窄的时候，必须认真考虑对方有没有实施报复行为的可能性。

在结交朋友的时候，不要一味相信对方的友谊。如果对方是一个别有用心、居心不良的人，友情随时可能被玷污。因此，你必须谨慎从事，多设几道防线，预防“朋友”布下的陷阱，这对你只有好处，没有任何坏处。常言道：“害人之心不可有，防人之心不可无。”

患难见真情

世上有人情冷暖、世态炎凉的说法，足见这友情之难得。唯有经历患难考验的友情，才是人间真情。

要想得到知心的朋友，首先要敞开自己的心扉。要讲真话、实话，不遮遮掩掩、吞吞吐吐，要以你的坦率换得朋友的赤诚和爱戴。

以诚待人，能在可以信赖的人们之间架起心灵的桥梁。通过这座桥梁打开对方心灵的大门，并在此基础上并肩携手，合作共事。自己真诚实在，表露真心，“敞开心扉给人看”，对方会感到你信任他，从而卸下猜疑、戒备心理，把你作为知心朋友，乐意向你诉说一切。

心理学家认为，每个人的思想深处都有内隐闭锁的一面；同时，又有开放的一面，希望获得他人的理解和信任。然而，开放是定向的，即向自己信得过的人开放。以诚待人，就容易获得人们的信任。

以诚待人，要坦荡无私，光明正大。一旦发现对方有缺点和错误，特别是对他的事业关系密切的缺点和错误，要及时地指出，督促他立即改正。虽然人人都不喜欢被批评，但意识到批评者确实是为自己着想时，便能理解接受，使彼此的心灵得以沟通，友情得到发展。

但是，以诚待人，应当知人而交。当你捧出赤诚之心时，先看看站在面前的是什么人，不应该对不可信赖的人敞开心扉。否则，便会与交友所期望的效果适得其反。

平时礼尚往来，吉凶走动，酒肉应酬，相见欢然。你所有的朋友，彼此都是相同的。当你得意的时候，宾客盈门，车水马龙，使你认为“四海之内皆兄弟也”。但一朝失势，患难迭至，以前所谓的好朋友，还有几个理会？还有几个替你出力？还有几个援之以手？有的落井下石，有的乘机渔利，有的冷嘲热讽，有的反目若不相识，到了这个时候，谁是你的酒肉朋友？谁是你的知己朋友？经过这样的考验，便能分得清清楚楚。

你也许要感叹人心竟如此浅薄，知己真是难得！古人说：“得一知己，终生可以无憾。”知己朋友难得，自古已然。人生不能一帆风顺，迟早总有曲折，早尝患难，使你早些认识人情，绝不是一件坏事。

“路遥知马力，日久见人心。”这句老话说明了识别人心不是一件易事，必须经过长久的日子才能明白，必须具备下述两种机会之一才行。第一种机会是他

“飞黄腾达”的日子到了，还能否待你如故，困急仍肯相助？第二种机会是你突遭不顺时，是否“望望然去之，若将挽焉”？是否“虚与委蛇，空言相慰”？是否肯出手相援，助你走出深渊？不到这个时候，谁是假交情，谁是真交情，很难加以区别。一定要到这个自然暴露的时候，才使你好像大梦初醒，此时精神上所受的刺激必深，或许平日好交友的人，会生出闭门谢客的怪脾气。最好要有个方法，能够在平时测量交情，认为可交的，出肝胆以相照；认为不必深交的，不妨淡淡相处，不即不离。

不交无益之友

荀子曰："蓬生麻中，不扶而直；白沙在涅，与之俱黑。"与益友交则受益终生，与损友交必玷污己身。

每个人都需要朋友，没有朋友的人是孤独的、悲哀的。但是，你要注意，不要结交那些对你有害无益的朋友，不要被拖入他们的浑水之中。

我们所处的环境和所交的朋友，对我们的一生有莫大的影响。可以说，交上怎样的朋友，就会有怎样的命运。

因此，在选择朋友时，你要努力与那些乐观豁达、富有进取心、品格高尚和有才能的人交往，这样才能保证你有一个良好的生存环境，获得好的精神食粮以及朋友的真诚帮助。这正是孔子所说的"无友不如己者"的意思。

相反，如果你择人不慎，恰恰结交了那些思想消极、品格低下、行为恶劣的人，你会陷入这种恶劣的环境难以自拔，甚至受到"恶友"的连累，成为无辜受难的冤枉者。

要结交懂得自尊自爱的朋友。因为一个人如果不自尊，他就无法尊敬别人。近朱者赤，近墨者黑。假使我们所结交的朋友都是懂得自尊自爱的人，相信大家都会互相尊重的。

因此，结交朋友必须正确区分益友和损友。与德高、见多识广之人相交有利于自己的进步，与自私、虚伪、贪利之人相处有害无益。正如荀子所言："蓬生麻中，不扶而直；白沙在涅（污泥），与之俱黑。"

老子在周朝做史官的时候，孔子曾经去拜访他。当时，老子不仅年龄比孔子大，而且学问比孔子渊博，名声也大。他听说孔子要来拜访他，十分谦虚地套了车，亲自赶着到郊外迎接。老子坐在车上，静候一位素不相识的年轻人。孔子的车来了，老子连忙走下车来。孔子非常感动，急忙跳下车来，双手捧着一只大雁，走上前说："老师亲自来迎，弟子实不敢当。"老子笑着说："谁是老师，谁是弟子，这不是绝对的。在我懂得多的时候，我是老师；在你懂得多的时候，你是老师。所以，我是老师，你也是老师；你是学生，我也是学生。"孔子在那里，每天都向老子请教、研讨问题，学到了许多知识和做人的道理。过了一段时间，孔子向老子告别说："老师，鸟会飞，可也常常被人射中；鱼会游水，可也常常被人钓起来；兽会走，可也常常落入猎人的网中。只有一样东西，谁也降不住它，那就是传说中的龙。您就是那样的龙啊！"老

子说："别忘了，龙也是会掉下来的。"孔子恭敬地说道："不管怎样，我这次来跟您学习，收获很大，使我永世不忘。"老子说："我听说，有钱的人送行是送钱，我没有钱，只好送你几句话吧！有极高道德的人都十分朴实，道德修养越高的人越不会骄傲，也不会贪婪和妄想。如若相反，恰恰说明道德修养不高。"孔子说："您的话我将铭记在心。"孔子就是这样虚心向老子求教，终成流传千古的圣人。

老子像

老子是一位道德高尚、学识渊博的人，孔子拜他为师，结成了良师益友。可以说，孔子的成功与老子的教诲不无关系，这种教诲和影响不仅仅是学识上的，更重要的是品德上的。

益友除了在品德上、学识上感染你以外，还能帮助你改正错误和缺点。因为益友成人之美，而不成人之恶。一旦发现对方的过失便直言指出，或诤言相劝，即使闹得面红耳赤，也不轻易放过。与这样的人交朋友，还会受到好的陶冶。你即使跌了一跤，益友也会帮你拭去身上沾的泥土。

与小人结友，称为损友。这样的朋友图的是利益，是根本靠不住的。纵观历史，因结交小人而受害的人不在少数。结交小人，大至可以亡国，小至亡身，名誉扫地。因为小人明明知道对方的过失，考虑到和自己的利益无关，无利可图，他也不肯说。他求的全是个人利益，一旦遇到对方与自己的利益相矛盾，就横加指责，将对方的过去和盘托出，恨不得置对方于死地。因此，与小人相交，仿佛黑夜里走烂泥路，就算跌倒了，他也不会扶你一把，甚至逐你下水，落井下石。

没有理解就没有友情

友情无疑要建立在理解之上，没有理解就没有友情。因此古人说：人生得一知己足矣，斯世当以同怀视之。

人在世上可能有很多朋友，但知己很少。人们常说“人生难得一知己”“患难之交最可贵”即是此意。能得一知己是幸运的，许多话不必说他就能知晓。他深知你心中的每一根弦和音调，在你弹出第一个音符时，他已知道其全部。这就是白居易“同是天涯沦落人，相逢何必曾相识”的感叹。知己乃知音，理解才知己。欧阳修被贬后，因心中忧愤，于是寄情于山水。因没有人理解，而发出了“人知从太守游而乐，不知太守之乐其乐也”的感伤。

真正的知音往往在患难中感知。公元前93年，司马迁有位叫任安的朋友，在益州做刺史时给他来了一封信。信中说：“子长兄，你现在做着中书令这样的大官，掌管着国家的机要，地位显赫，又能够经常见到皇上。你本应该充分利用这个条件，多向皇上推荐些有才能的人，让他们有为国家做贡献的机会。可是

我从来没听说你推荐过谁，这是你的失职啊！说实在话，我对你很失望。”司马迁没有给任安回信，对朋友的批评没有做任何的解释。

两年之后，任安大祸临头，被关进了监狱。原来在汉武帝和太子争战的时候，太子曾以皇上的名义调动任安的兵马。任安没有发兵，没想到汉武帝取胜后，认为任安是太子的亲信，竟下令逮捕了他。到这年秋后，任安就要被处以腰斩的极刑了。

司马迁像

司马迁听到这一消息后大吃一惊，他再一次看到了皇帝的残忍。因为有亲身体验，他非常同情任安。在别的大臣都纷纷表明和任安没关系的时候，司马迁却找出任安以前给他的那封信，心想：“少卿啊，我本来不想给你回信了。现在，你遭到大难，我倒要写封信安慰安慰你。我和你有过同样的遭遇，知道人在这个时候是多么希望朋友的帮助啊！”

司马迁在信中写道："你当初写信，让我推荐有才能的人到朝廷做官。可是我听说，人世间最大的耻辱就是像我这样，受了腐刑。自古以来，人们都不和受了腐刑的人交往，我又怎能去推荐天下的人才呢？我年轻的时候，以为自己很有才干，也曾希望得到皇上的赏识。可谁知道，我只是为李陵说了几句话，就激怒了皇帝，受到了这样的腐刑……受刑后，我一想到自己所受的耻辱，就觉得没脸见人。我曾想到过死，可我的史书没有写完，父亲的遗愿还没有实现，我还不能死，无论如何，也要活下去。只要我写完史书，后人就能得到它，我受的耻辱也就得到了补偿。到那个时候，就是把我千刀万剐，我也不后悔了。"

任安被关在监狱里度日如年，他是多么希望有人来安慰啊！可是他往日很要好的朋友，一个个都躲得远远的，他只能独自叹息。忽然有一天收到了司马迁的来信，任安读了一遍又一遍，感动得泪流满面，说道："子长兄啊，你真是一位了不起的人。你虽然身体残废了，可你身残志不残，你是真正的男子汉！你和你的史书都将永垂千古！"

这是一段感人的故事，司马迁与任安是一对真正的知音，他们的友情地久天长，他们的友情已超出一般朋友的情感，其中固然有同病相怜的因素，但重要的是两颗相互理解的心。

释放人格魅力

人格魅力是一个人吸引他人的恒久因素。它是修养、自信、智慧、阅历的鲜明标识，又是征服他人的不可抗拒的力量。

魅力包含着深厚而丰富的心理内容，是一种人格特征，是人们心理机制与外部行为的完美统一，是人的最佳心理形态，也是评价一个人的重要标准。

在人与人的交往过程中，魅力是构成人际吸引和增强人际识别的基本要素。凡是你以为是成功的人际交往活动，其中必定有着魅力的特殊作用。双方各自特有的魅力使他们之间形成了积极的人际互动，从而使得你与他们相互感染、相互吸引、相互接受。任何缺少魅力的人际交往，都不可能构成良好的人际关系。

青年男女的魅力是一种内在的吸引力，它是青年男女的体貌、装饰、举止、气质、性格、教养、能力等的一个综合体。据一位美国心理学家的调查，最能令异性为之倾倒的是那些具有特殊魅力的青年男女。

如果天生丽质，那是上天对一个人的恩赐，是先天的自然禀赋。漂亮的青年男女总能给周围的人留下良好的第一印象，使众人愿意接近他（她），与他（她）交往。

但先天条件出众的青年男女毕竟是少数，大部分人还是长相一般。但如果一个人不仅不自弃，反而格外努力，在工作、生活以及其他各种活动中显得朝气蓬勃，精力充沛，分外引人注目，那么可能他（她）的魅力会更加超凡脱俗、不同凡响，自然会让那些仅仅拥有一张美丽面孔的“绣花枕头”们相形见绌。

曾经有这么一个故事：一位美国中年主妇觉察到她的丈夫经常在家里夸奖他的女助手，她心里有些疑心。于是开始每天描眉画眼、梳妆打扮，甚至不惜花了一大笔钱去做美容手术。谁知她丈夫对她的精心装扮却视若无睹，仍旧每天大谈特谈他的那位女助手。妻子沉不住气了，试探着开始打听女助手的背景，丈夫于是邀请妻子一同去探望那位女助手。一见之下，妻子大为吃惊：女助手既不年轻也不漂亮，而是一位头发已经开始花白、身材已经发福的普通妇人。但她在言谈举止中分明透露出她的聪慧、自信、乐观和机智，周围的人无不受到她的感染。以至这位妻子也抵抗不了她的魅力，十分急切地想和她交个朋友。

人的魅力就是如此神奇，它可以掩盖先天的遗憾，甚至让人完全忘掉先天或大自然的风霜所留下的不足。

爱就是行动

男女之间的爱情不能永远含蓄下去，而必须在必要的时间、必要的场合表达出来。表达出来的爱情才能结果。

爱是一种心灵的感应。文字是最靠近心灵的东西，文字的组合在爱情里被称为情书。很久以来，人们就用它来表达爱、巩固爱。

沈从文像

经徐志摩的介绍，沈从文被胡适聘为中国公学的讲师。美丽文静的张兆和是沈的学生。不知从何时起，这位后来被沈从文称为“黑风”的姑娘，飞进了沈从文的脑海，无法抹去。爱的潮汐来得如此猛烈，使沈从文寝食不安，坐卧不宁，他想见到她。可每当他来到张兆和面前

时，总是茫然不知所措。

笔谈胜于言谈的沈从文，在1928年的一天，给张兆和写起了情书，而且一发不可收拾。

沈从文的情书写得相当好。1931年的一封情书是这样写的："你是我的月亮……一年内，我们可以看过无数次月亮，而且走到任何地方去，照在我们头上的，还是那个月亮……"

沈从文的情书写得不庸俗，不艳丽，充满爱慕和忧郁。张兆和逐渐习惯了那些起初让她脸红心跳的文字，不再怕它，潜意识中，爱的种子正在萌芽。

虽然"我爱你"这几个字很简单，虽然这几个字也可以用洋洋洒洒的情书来表达，虽然这几个字可以通过文采飞扬的赞赏来体现，但是爱一个人，没有比这几个字更达观、更直接的了。最简单的，也就是最好的。

没有恋人会真的讨厌这三个字的表白。马克思和燕妮在长久的通信中，不时地用这几个字表达彼此炽热的情感。

有人甚至说，想要你的爱人更加爱你，你只要每天对她（他）说十遍"我爱你"，就保准能达到目的。

虽然爱一个人不是光靠说说就能证明的，要靠行动来证明，但是爱的甜言蜜语是永不可少的，语言也同样是一种行动，这是人类漫长的情爱历史告

诉我们的。

所以，在你动情的时候，不要忘了，对你的恋人轻轻说一句：“我爱你。”

要有“只争朝夕”的精神

现代生活节奏快捷，现代爱情也不允许拖泥带水。谁拖泥带水，谁就要自食其果。

追求爱情是每个人的权利。人是平等的，没有谁身上会贴着恋人的标签，只要双方没有步入婚姻的殿堂，不论谁来追，都不会受到法律的约束或者道德的谴责。世界是大家的，人类竞争的天性无法阻挡。

要知道，你的恋人后面很可能有别人在追，他会利用各种机会与你竞争。他可能英俊又潇洒，或者浪漫又多情。不要紧，你也有你的优势，你比他知识丰富，又善解人意。所以唯一的方法，就是要抓紧时间，就仿佛是一场足球赛，在一定的时间中看谁进球最多。

只争朝夕对于现代爱情来说，重要的还不在此。现代人的时间意味着许多东西，每个人都有自己的一份事儿做。每天上学的上学，上班的上班，彼此来去匆匆，一天难得会有几个小时待在一起。所以，要珍惜与恋人待在一起的朝朝暮暮，争取时间，可以使你们之间的感情更上一层楼；争取时间，还可以使家庭更甜美。

一朝一夕，对现代人来说可能是空闲的，若不善加利用，那么与恋人的感情很可能只停留在周末的积累上。

有对恋人，他们都很忙，鲜有时间在一起。于是，他俩约定，每天早上去赶车的时候，在他们最近的一个交叉路口碰面。为此，他们常常吃不上早饭，或者两个人边走边吃，在一起度过十几分钟。这种只争朝夕的精神，让这对有情人终成眷属。

只争朝夕，还有一个意思，就是要守时。惜时是为了双方更多一点时间相处，那么守时则是尊重爱人，也尊重爱情。

同爱人约会，一定要守时，因为人在动觉与静觉中对时间的感应是不同的：如果你在做一件事，别人等你，你会觉得时光飞逝；如果交换一下位置，5 分钟的等待对你来说，往往漫长得可怕。

我们的生活中，因不守时就一刀两断的虽不多见，但由此引起的争吵却比比皆是。迟到的一方因迟到内疚，另一方得理不饶人，搞得迟到的一方负疚感也没了，好好的约会变成了吵架。弄好了，两人言归于好；弄不好，就会不欢而散。更重要的是，恋人之间的互相信任感也会遭到破坏。

现代的恋情，要只争朝夕。

爱情不光是两个人的事

爱情不只是两个人的事，它还会牵扯到亲人和朋友。你不可能只在你与恋人之间牵一条红线，而斩断其他的线。

谌容在小说《错，错，错》中描述了这样一位姑娘，她总把自己想象成冰清玉洁的“霓裳仙女”，祈望有一位宠爱她的天宫王子。自己不愿承担任何义务和责任，终日生活在浪漫中，其结果自然是一种悲剧。她不应忘记，她的天宫王子也有父母。

恋人的关系确定下来之后，终有一天，你会走入对方的家庭。假如你被男友邀请到家里做客，一定会有紧张感。其实若想通了，也没什么好紧张的，丑媳妇总要见公婆的嘛。这时，你要好好想想，怎样给他的家人留一个好印象。

你最好事先向男友打听他母亲的喜好，然后，携带他母亲喜爱的物品去拜访。因为对男性而言，母亲在他心目中有着特殊的分量。你若能对他的母亲表现出尊敬的态度，相信男友一定十分高兴。况且，母亲常常是一个家庭的灵魂，投其所好，会让你赢得一家

人的喜爱。对男性来说，这个问题也一样，你要学会讨未来岳母的喜欢。

恋爱，不能只让世界小得只剩你们两个人，爱情还与友情密切相关。在一些恋人那里，一旦感情陷入温柔的陷阱，便不自觉地将友谊淡忘。可友情在人生中是必不可缺的，没有友谊的人生注定要体验更多的不幸。

恋爱中不能忽视友情，“出门靠朋友”，朋友会给你在爱的路上以帮助、扶植，特别当你与恋人真诚的爱不能被亲人理解时。

曾有一对恋人的朋友，他很善言，具有极强的说服力。恋人的父母不同意他们相爱，多亏这位朋友能说会道，替木讷的男方说服了顽固的女方家长。

朋友的重要不仅于此，恋人们能与相互的朋友处好关系，不仅巩固了恋人与他（她）的感情，而且自己也多了一份友情。

陈女士的恋人经过陈女士的介绍，认识了陈女士的朋友王先生。两人都是经商的，认识之后，两人在商贸上互有往来，为扩展生意上又开辟了一条新路。

有一个女孩在街上碰到她的恋人与朋友在一起，于是她大方地走上去，热情地同他们聊了几句。过后，那朋友对她的恋人说：“你女朋友不错嘛，开朗热情，你小子有福气。”

另一个女孩就不这样，男友在公共场合遇见朋友

停下来打招呼时，她远远地站在一边，冷眼相看。过后，男友挺生气：“你干嘛不和人家打个招呼？”“我不认识，那是你的朋友。”男友白了她一眼：“我的朋友不就是你的朋友吗？我一介绍，你们不就认识了吗？”

所以，对对方的朋友一定要重视，不要不理不睬，这不仅对朋友是一种伤害，也会影响你们的感情。因为，你重视恋人的朋友，恋人会有一种幸福感；这表明你在进一步与他（她）靠近，深入他（她）的生活。

爱情与许多东西相关，你生活在这个社会里，便一定要接触这些事，不要让你的生活中贫乏得只剩下爱情。感情也不仅仅是两个人的事，它也会受许多方面的影响，处理不好与对方的家人、朋友的关系，会影响恋人间的感情，进而产生不必要的麻烦。

看准时机掠取芳心

追求自己钟情的异性，必须看准时机，掌握火候。选择一个恰当的机会表达爱慕，便很容易获得芳心。

追求意中人要善于抓住时机，这对于取得成功是很重要的。

一，女性的服饰变化时是结识的好时机

当女性在服饰等方面有微妙变化时，她的内心也会有相应的变化。这时，男性可发动爱情攻势。

改变发型时。不管改变成什么样的发型，都表示你有机会了。

长袖挽成短袖时。外表露出的部位越多，表示心情越开朗。

袜子色彩改变时。袜子是人的第二皮肤，其色彩的改变也象征着情绪的变化。

鞋型变化时。平时穿平底鞋，突然穿起高跟鞋时，表示她在有意识强调自己的女性魅力。

服饰变艳时。穿着较为华丽时，表示她想引人注意。

二，女性戒备心松弛时是结识的好时机

以下是女性心情比较松弛因而容易结识的时机：

餐厅进餐后30分钟。餐厅进餐后，酒足饭饱，精神焕发，情感的需求加大。

喝了加冰的白酒后。酒后戒备心松弛，而且十分兴奋，这一点男士都应该了解。

大病初愈时。患病时最容易产生依赖心理，病痛初愈时，内心有一种寻求支撑的渴望。

下雨天。下雨天多半待在屋子里，心情较烦闷，戒备心比较低。

领薪水那一天。领薪水时，自然兴高采烈，想要好好享受一下。

三，职业女性在对工作有疲倦感时是追求的好时机

下面所列是结识职业女性的好时机：

上班三个月后。这时紧张感已逐渐消失，可是有点疲倦感，所以潜意识里希望有个异性关怀。

上班三年后。这时已对工作有些厌倦，也大体上学会了各种玩乐的方法，所以渴望新的刺激和冒险。

工作失败时。由于上司的责备，内心很不高兴，很想尽情玩玩，发泄郁闷的心情。

接到调职令时。这时心情复杂，情绪不稳定。

团体旅行时。因为和在公司里的气氛完全不同，纯洁的女孩也会被男同事吸引。

四，爱的需求在好像即将达到目标但偏偏无法达成时，会形成欲求的高潮，此时正是追求的好时机

只要回忆一下入学考试或应征某种职业时的情况，就不难了解这种心理。如果在初试时就被淘汰出局，应试的人反而想得开。要是通过初试和复试，只剩最终审查那一关时，榜上有名的就达到顶峰。恋爱亦然。当你屡次试探，对方睬也不睬，你就不会太恋恋不舍。要是对方来个“似乎有意，又似无意”的反应，你就禁不住被吸引。比如，一位本来很朴实、诚挚的青年，在一次外出时遇到一位美女，她丢了一朵花给他，这一丢，害得他闹了半年单相思。

对于女性来说，一陷入情网，自然而然就会大动脑筋，这种倾向并不限于娱乐场所的女人。即使没人教她，她也会使“零零星星的招数”。

她准许他握握她的纤纤手指，挽挽香肩，偏不准他吻她。这时，男人的占有欲会刺激得难以抑制。所以说，什么都毫无吝啬地给得快的女性，未免太不聪明。

在男女交际的过程中，使男性的占有欲达到沸点，一定是男方求婚而女方说“让我考虑一晚”的时候。

不拒绝，但也不立刻答应，让男方心焦一番。如此一来，女性“是”的回答，才会让他觉得珍贵无比。这对婚后的夫妻关系来说，大有好处。

五，参加婚礼或庆祝蜜月的宴会后，是追求女性

的最佳时机

现在，不喜欢早早结婚走进家庭的人越来越多了。但结婚及生小孩毕竟是女人一生中很重要的事情，因此，她们对这两件事会非常关心。面对别人的婚礼，她们一方面感到高兴，一方面也会觉得些许感伤和寂寞。总之，会产生错综复杂的心情。

这时，如果有男士对她说些温柔的话，平常不容易被男士吸引的女性，也会很快就敞开心扉。

生活表明，在别人的婚礼上认识、进而结婚的人相当多，这可以说是女性的一种心理倾向。

换句话说，在参加别人婚礼或生小孩的庆祝宴会的回家途中，实是一个追求女性的绝佳机会。

用“小礼物”征服意中人

为了打动异性的心，不妨巧妙地玩一把小伎俩：在合适的场合、合适的时间，送上合适的小礼物。

不管是谁，心里总会有一两个特别思念的人。丁小姐也不例外，随时随地，那个身影就会自然地浮现……

初次见面后，W 先生就走进了丁小姐的心扉，不知道为什么，时常思念他。虽然俩人从来没有过单独相处的机会，但是无论在哪种场合，W 先生的身影总是第一个映入丁小姐眼帘，而丁小姐的眼光也总是随着他移动。即使只是在走廊上擦肩而过，这一整天的情绪都特别好。

“好奇怪，到底哪里不对劲呢?”如果丁小姐已经开始迷惑，这就表示已经坠入爱河，成为爱情的俘虏了。

“男人要胆量，女人要魅力”的时代早已结束了。现在，女人也需要有胆量，犹豫不决的态度于事无补。对于自己中意的对象，要试着主动去交往！聪明的女性不会忘了进攻的战略，不采取主动，必定会遭受失败。

如果丁小姐想吸引住心中爱慕的他，让自己成为他所爱慕的人时，究竟该怎么办好呢？关于这件事，还是采用“礼物作战”比较有效。

或许 W 先生根本还没有注意到丁小姐的存在，因此，首先要从这一点开始着手。礼物就好比丘比特之箭，可以发挥最大的功效。但是，送什么东西才能给他留下深刻的印象呢？

突然下起雨来，丁小姐望见 W 先生正站在公司的大门口，一边看着表，一边露出焦急的表情。大好的机会出现了，开始行动吧！

好像很偶然的样子（其实一直在等待这个下手的机会），把雨伞交到他手里。

“那怎么好意思呢？实在太感谢了！”接过雨伞的 W 先生精神焕发地跑了出去。

如果 W 先生是稍具感情的男人，这样做确实就能让他记住她。当天傍晚，她家的电话应该会传来他的声音。

雨中送伞，既是一种机会，更是一种技巧。但是，千万要记住，除非必要时，中国人是不用“伞”作为礼物相赠的，因为在汉语里“伞”和“散”同音，所以，伞作为礼物，为大多数人所忌讳。

为了征服意中人，我们要大胆，又要善于把握机会。在机会适当时，我们不妨以礼物为红线，同意中人亲近起来。但是礼物不必太重，太重会适得其反。

癞蛤蟆也可吃到天鹅肉

女性最重视的，是男人的才学、品质、能力以及阳刚之美。这给其貌欠佳的男士提供了绝好的机会。

生活中常常有这种情况：一个并不英俊的男人，却能娶到一位漂亮的女人；一位红得发紫的明星，竟然嫁给其貌不扬的“丑角”。一些人“愤愤不平”，嘲讽他们是“癞蛤蟆吃到了天鹅肉”“一朵鲜花插到了……”其实大可不必如此抱怨，要知道，在选择恋爱对象时，女人同男人的标准有着很大的不同。一般男性在选择女友时，常考虑美貌和魅力，对外表极为重视。而大多数姑娘择偶时，都不把对方的外表看得很重，她们更易被才学、品质、能力或具阳刚之美的男性所吸引。因此，即使你长相不佳也不要灰心丧气，应努力在其他方面发挥自己的长处，展露自己的过人之处，一旦姑娘了解你时，她会愿意同你接近的。

这类男性通常都有一个长处，那就是懂得用温柔体贴来打动女性的芳心。姑娘的心里都有一小块冰，

体积虽小却不易融化。如果你想融化那块冰，必须先以温柔的语言消除她的戒备。如果你显得龌龊下流，态度又欠风雅，那就毫无希望了。冰块不但又硬又冷，还会结得比以前更大！姑娘之所以喜欢温柔体贴的男人，这是因为她们从周围同事和亲朋好友那里吸取了无数的经验教训。她们听到的和看到的已经够多了，不能不引以为戒。除非你以一种真挚的柔情来对待她，否则她是不会以相同的蜜意来回报你的。因此，无论你刚刚接近姑娘，还是你们的关系已有了一定的进展，你都需要无比的温柔。只要你处处表现出温柔、体贴、亲切，给人一种信赖感，姑娘自然会对你有好感的。当然，这种温柔、体贴和亲切一定不能带有虚伪的成分，它必须是发自内心的。如果表现出的温柔、体贴仅仅是一种手段，那就大错特错了。

示爱要想“金点子”

示爱机会随时随地，俯拾皆是，但你要有一颗慧心、一双慧眼。

示爱是恋爱过程中的关键环节，应该选择恰当的时机、恰当的环境和恰当的场合。如果一个人想让异性更爱自己，不妨试试下面这几个“金点子”。

上班时，给他（她）打一个电话，不为别的，只为彼此听到熟悉的声音。

远行出差时，抽空在忙碌的行程中写一封充满爱意的信，告诉他（她）一个人对他（她）的思念。

对男性朋友而言，刮胡子就和每天换洗隐形眼镜一样烦，也许有时另一个人可以代劳，让这项苦差事变得更有趣。

别掩饰自己对他（她）的赞许、感激，包括所有正面的情绪。让他（她）知道你的加油打气是他（她）最大的精神依靠。

和他（她）的朋友打成一片。对常常把义气挂在嘴上的异性朋友来说，哥儿们姐儿们很重要，他（她）不想为了爱情而失去友谊。如果你能和他（她）

们相处融洽，也是巩固爱情的方法。

如果你从来不下厨，选一个意义非凡的日子，为他（她）烹煮一顿爱吃的大餐。

今晚为他（她）穿上一袭性感睡衣吧！

买一瓶异性朋友按摩乳液，并亲自为他（她）涂抹。

百货公司折扣期在为自己疯狂购物的同时，也买件他（她）期望已久的礼物，在下次独处时送给他（她）。

找一个合适的夜晚，泡一壶香茶，放一曲他（她）最喜爱的音乐，促膝谈心，忘掉所有的不愉快，只谈你们两个人的梦想、希望和未来。

买两张他（她）会喜欢的电影、演奏会、球赛等的票券送给他（她），并邀请他（她）为你的座上贵宾。

赞美她（他），用你不曾说过的话语。

他（她）太累的时候，给他（她）准备好洗澡水，让他（她）感受到你的关心和体贴。

像猫似的在他（她）身上耍赖、撒娇。

为了增加夫妻间的情趣，可以让他（她）和你一起做一些你们两个人都不熟悉的事。

利用星期日，和他（她）一起躺在床上吃早餐。

陪他（她）运动，即使是你最不擅长的运动。

家庭聚会或朋友聚餐时，在众人面前称赞他

（她），并且确定他（她）能听得到。

约他（她）到风光明媚的郊外野餐。

在出门前，替他（她）打理上班的新造型。

买下他在广告上看中的刮胡子刀具，悄悄放到他的房间。

在他（她）心情沮丧的时候，告诉他（她）你愿意做任何能让他（她）高兴的事。

在他（她）出差返家时，给他（她）一个热烈的拥抱。

在她（他）最喜爱的餐厅，预订一顿盛宴；现场演奏时，为她（他）点播一曲爱之歌。

出其不意地送礼物到她（他）单位，让所有人知道你对她（他）的爱。

怎样让对方爱你，关键在于你有多爱对方。你爱对方的程度，决定了你有多少使对方爱你的方法。